U0175794

长物志

〔明〕文震亨 著

〔明〕文徵明等 图

蒋晖 校注

陕西新华出版 三秦出版社

果麦文化 出品

版本说明

《长物志》是关于生活的艺术，集中国式审美朴、雅、幽之大成的书。全书广泛涉及衣、食、住、行、用、赏、鉴、游各个领域，其中所宜所忌，所雅所俗，所是所非，所贵所贱，言简意赅，皆有定语。

"长物"本指身外多余之物，但对于古代文人雅士来说，于内，是构筑精神世界，寄托审美情趣、审美理想及品格意志之物；于外，则是借以展其韵、才、情之门。文震亨所代表的这一脉美学，对于当代人营造宜居生活环境及内修外化，具有重要的启示意义。

本版以国家图书馆藏明刻本为底本，参考清代砚云书屋刻本、清代文渊阁本、民国商务印书馆标点排印本及近现代陈植校注本等重新校注。篇目完全从底本，部分异体字、假借字等亦从底本。对于部分标点争议处及注释争议、不明处，综合多种与本书时代接近的明代文献及相关清代早期文献，重新梳理、断句和说明解释。部分涉及已失传的实物且无相关文献资料记载的内容，暂付阙如，也待有识之士进一步研究。

同时，集诸类百科图录类书，如宋代龙大渊撰《古玉图谱》、明代项元汴撰《历代名瓷图谱》等的相关图像，并以文震亨曾祖文徵明为代表的书画大家近百幅相关作品，与本书文字相互对应补充，以期更有助于读者进入《长物志》的美学世界。

目录 |

卷十二 香茗

后记 /279

〔明〕仇英·竹院品古

序

　　夫标榜林壑，品题[1]酒茗，收藏位置图史、杯铛[2]之属，于世为闲事，于身为长物[3]，而品人者，于此观韵焉，才与情焉，何也？挹[4]古今清华美妙之气于耳目之前，供我呼吸，罗天地琐杂碎细之物于几席之上，听我指挥，扶[5]日用寒不可衣、饥不可食之器，尊踰拱璧[6]，享轻千金，以寄我之慷慨不平，非有真韵、真才与真情以胜之，其调弗同也。近来富贵家儿与一二庸奴、钝汉，沾沾以好事自命，每经赏鉴，出口便俗，入手便粗，纵极其摩娑护持之情状，其污辱弥甚，遂使真韵真才真情之士，相戒不谈风雅。嘻！亦过矣！司马相如携卓文君，卖车骑，买酒舍，文君当垆，涤器映带犊鼻裈[7]边；陶渊明方宅十余亩，草屋八九间，丛菊孤松，有酒便饮，境地两截，要归一致；右丞[8]

1. 品题：品味，玩赏。
2. 杯铛（chēng）：杯，杯盏，饮器。铛，温器，似锅，三足。
3. 长物：多余的东西。
4. 挹（yì）：汲取。
5. 扶：作"挟"意，怀藏。
6. 尊踰拱璧：踰，同"逾"，胜过。拱璧，大璧。形容极其珍贵。
7. 犊（dú）鼻裈（kūn）：形如牛鼻的短裤，仅蔽膝盖以上，受雇充任杂役之人的衣服。一说围裙。
8. 右丞：王维，唐代诗人，官至尚书右丞，世称"王右丞"。

茶铛药臼，经案绳床[9]；香山[10]名姬骏马，攫石洞庭[11]，结堂庐阜[12]；长公[13]声伎酣适于西湖，烟舫翩跹乎赤壁，禅人酒伴，休息夫雪堂[14]。丰俭不同，总不碍道，其韵致才情，政自不可掩耳！予向持此论告人，独余友启美氏绝颔之。春来将出其所纂《长物志》十二卷，公之艺林，且属余序。

予观启美是编，室庐有制，贵其爽而倩、古而洁也；花木、水石、禽鱼有经，贵其秀而远、宜而趣也；书画有目，贵其奇而逸、隽而永也；几榻有度，器具有式，位置有定，贵其精而便、简而裁、巧而自然也；衣饰有王谢[15]之风；舟车有武陵、蜀道之想；蔬果有仙家瓜枣之味；香茗有荀令、玉川[16]之癖，贵其幽而暗、淡而可思也。法律指归，大都游戏点缀中一往，删繁去奢之意义存焉。岂惟庸奴、钝汉不能窥其崖略，即世有真韵致、真才情之士，角异猎奇，自不得不降

9. 绳床：一种可折叠的轻便坐具，以板为之，并用绳穿织而成。

10. 香山：白居易，号香山居士，曾向宰相裴度求骏马，裴度回信附诗"君若有心求逸足，我还留意在名姝"，以打趣其可拿爱妾换马。

11. 攫（jué）石洞庭：攫，夺取。白居易喜爱太湖石，罢苏州刺史时，得太湖石五、白莲、折腰菱、青板舫以归。曾写有《太湖石记》。

12. 庐阜：江西庐山。元和十二年（817），白居易在庐山构草堂隐居。

13. 长公：苏轼，字子瞻，苏洵长子，世人尊为"长公"。苏轼曾为杭州太守，唐、宋旧制，地方将帅、郡守，均得召官妓侍酒。

14. 雪堂：苏轼在黄州（今湖北黄冈）时，曾筑雪堂，并有《雪堂记》。

15. 王谢：六朝时望族王氏、谢氏的合称。

16. 荀令、玉川：荀令，东汉末年曹操谋士荀彧，拜尚书令，称荀令，嗜好熏香，身上香气，可闻百步。玉川，本为井名，唐代诗人卢仝，好饮茶，自号玉川子，被尊称为"茶仙"，所作《七碗茶歌》广为传诵。

心以奉启美为金汤，诚宇内一快书，而吾党一快事矣！

余因语启美："君家先徵仲太史[17]，以醇古风流，冠冕吴趋[18]者，几满百岁。递传而家声香远，诗中之画，画中之诗，穷吴人巧心妙手，总不出君家谱牒[19]。即余日者过子[20]，盘礴[21]累日，婵娟[22]为堂，玉局[23]为斋，令人不胜描画，则斯编常在子衣履襟带间，弄笔费纸，又无乃多事耶？"启美曰："不然！吾正惧吴人心手日变，如子所云，小小闲事长物，将来有滥觞而不可知者，聊以是编堤防之。"

有是哉！"删繁去奢"之一言，足以序是编也。予遂述前语相谂[24]，令世睹是编，不徒占启美之韵、之才、之情，可以知其用意深矣。

友弟吴兴沈春泽[25]书于余英草阁

17. 徵（zhēng）仲太史：文震亨曾祖文徵明，原名壁，字徵明。四十二岁后，以字行，更字徵仲，曾赴北京任翰林待诏，世人尊称"太史"。明代书画大家、文学家。画史上，与沈周、唐寅、仇英并称"明四家"。诗文上，与祝允明、唐寅、徐祯卿并称"吴中四才子"。

18. 吴趋：吴地，苏州别称。

19. 谱牒：记录氏族世系的家谱。

20. 过子：过，探望，拜访。子，对对方的尊称。

21. 盘礴：形容不拘形迹，旷放自适。

22. 婵娟：文震亨苏州香草垞园中堂名。婵娟为堂，喻美好相伴。

23. 玉局：文震亨香草垞园中斋名。玉局，棋盘美称，亦指清净之地。

24. 谂（shěn）：知悉，规劝。

25. 沈春泽：明代府学生员，字雨若，号竹逸。祖籍吴兴，常熟支塘人。好客，能诗，工草书，善画兰竹，有《秋雪堂诗集》。

卷一　室庐

〔明〕文徵明·浒溪草堂图（局部）

居山水间者为上，村居次之，郊居又次之。吾侪¹纵不能栖岩止谷，追绮园²之踪而混迹廛市³，要须门庭雅洁，室庐清靓⁴。亭台⁵具旷士之怀，斋阁⁶有幽人之致。又当种佳木怪箨⁷，陈金石⁸图书，令居之者忘老，寓之者忘归，游之者忘倦。蕴隆⁹则飒然而寒，凛冽则煦然而燠¹⁰。若徒侈土木，尚丹垩¹¹，真同桎梏¹²、樊槛¹³而已。志《室庐¹⁴第一》。

1. 吾侪（chái）：我辈。
2. 绮园：指绮里季、东园公，皆汉初高士，为避秦乱而隐居山中，与用（lù）里先生、黄石公并称"商山四皓"，名重天下。
3. 廛（chán）市：都市，喧嚣的闹市。廛，古代城邑中平民居所。
4. 清靓（jìng）：清静。靓，通"净"。
5. 亭台：亭，明代姚承祖《营造法原》："亭为停息凭眺之所，有方、圆、八角、六角、扇子、海棠诸式。"台，指用土筑成的方形、高而平的建筑物。
6. 斋阁：斋，屋舍，学舍。阁，指供远眺、游憩、藏书和供佛之用的楼阁。
7. 怪箨（tuò）：姿态奇异的竹子。箨，竹笋壳。
8. 金石：钟鼎、碑碣之类。
9. 蕴隆：暑气郁结蒸腾。蕴，通"煴"，微火。隆，盛。
10. 燠（yù）：温暖。
11. 丹垩（è）：指粉刷华丽。丹，红色。垩，白色。
12. 桎梏（zhìgù）：脚镣和手铐。
13. 樊槛（fánjiàn）：关鸟兽的牢笼。
14. 室庐：常住或暂居的房舍。《说文解字》："古者前堂后室。""庐，寄也。秋冬去，春夏居。"

门

　　用木为格[1]，以湘妃竹[2]横斜钉[3]之，或四或二，不可用六。两傍用板为春帖[4]，必随意取唐联佳者刻于上。若用石梱[5]，必须板扉[6]。石用方厚浑朴，庶不涉俗。门环得古青绿蝴蝶兽面，或天鸡饕餮[7]之属，钉于上为佳，不则用紫铜或精铁，如旧式铸成亦可，黄白铜俱不可用也。漆惟朱、紫、黑三色，余不可用。

1. 格：横格，横档。
2. 湘妃竹：斑竹，相传舜帝死后，他的妃子娥皇、女英滴泪于竹，留痕斑斑点点，故名。
3. 横斜钉：《营造法原》："用于大门者，木板以外复钉竹条，镶成卍字、回文诸式，甚为美观。"
4. 春帖：春联。下文"唐联"指以唐人诗为联语。
5. 石梱（kǔn）：石门槛。
6. 板扉：木板门。
7. 天鸡饕餮（tāotiè）：上古传说中的神鸟和猛兽。

〔明〕文徵明·山庄客至图（局部）

〔清〕弘仁·芝易东湖图（局部）

阶

自三级以至十级，愈高愈古，须以文石[1]剥[2]成；种绣墩[3]或草花数茎于内，枝叶纷披，映阶傍砌。以太湖石[4]叠成者，曰"涩浪"[5]，其制更奇，然不易就。复室须内高于外，取顽石[6]具苔斑者嵌之，方有岩阿[7]之致。

1. 文石：纹理美丽的石头。
2. 剥：剖开。
3. 绣墩：绣墩草，又称书带草、沿阶草。
4. 太湖石：产自苏州太湖地区的石灰岩石，有水采和山采两种，玲珑俊秀。江南园林多用来堆叠假山或作庭院赏石。
5. 涩浪：以太湖石细碎较小者砌阶，石面经踩踏愈加光润，石阶造型如波浪水纹。苏州园林假山磴阶多用此法。
6. 顽石：笨重不美观的石头。
7. 岩阿（ē）：山的弯曲处。此处形容错落自然的样子。

窗

用木为粗格，中设细条三眼[1]，眼方二寸，不可过大。窗下填板尺许，佛楼禅室，间用菱花及象眼[2]者。窗忌用六，或二或三或四，随宜用之。室高，上可用横窗一扇，下用低槛承之。俱钉明瓦[3]，或以纸糊，不可用绛素纱[4]及梅花簟[5]。冬月欲承日，制大眼风窗；眼径尺许，中以线经其上，庶纸不为风雪所破，其制亦雅，然仅可用之小斋丈室。漆用金漆[6]，或朱、黑二色，雕花、彩漆[7]，俱不可用。

1. 眼：小窗格。
2. 菱花及象眼：菱形和象眼状（三角形）的图案花纹。
3. 明瓦：古代多以蛎壳磨成半透明状薄片，镶嵌窗格用以透光，又称蠡窗。至今江南园林建筑中仍在使用。
4. 绛素纱：绛红色的绉纱。
5. 梅花簟（diàn）：编织有梅花纹理的细竹席。簟，竹席。
6. 金漆：用贴金或泥金等法做地子，上面罩透明漆。以光明莹彻为巧，浓淡、点晕为拙。
7. 雕花、彩漆：雕花，在灰漆胎子上面涂上多道漆，积累到一定厚度，用刀剔出花纹。彩漆，在光素的漆地上用各种色漆画出花纹。

〔南宋〕刘松年·秋窗读《易》图（局部）

栏杆

石栏[1]最古，第近于琳宫、梵宇[2]及人家冢墓。傍池或可用，然不如用石莲柱二，木栏为雅。柱不可过高，亦不可雕鸟兽形。亭、榭、廊、庑[3]，可用朱栏及鹅颈[4]承坐；堂中须以巨木雕如石栏，而空其中。顶用柿顶、朱饰，中用荷叶宝瓶、绿饰；"卍"[5]字者宜闺阁中，不甚古雅；取画图中有可用者，以意成之可也。三横木最便，第太朴，不可多用。更须每楹[6]一扇，不可中竖一木，分为二三，若斋中则竟不必用矣。

1. 石栏：以整石凿空，中部作花瓶撑，上部为扶手，称石栏杆。
2. 琳宫、梵宇：琳宫，道观。梵宇，佛寺。
3. 榭、廊、庑（wǔ）：榭，建筑在高土台上或临水的木屋，多为游观憩息之所。廊，屋外列柱覆顶的通行过道，随形而弯，依势而曲，以分隔院宇。庑，堂下四周的廊屋。
4. 鹅颈：可供人歇息坐靠的一种靠栏，靠栏中的木栅弯曲如鹅颈，因此得名。今俗称"美人靠""吴王靠"。
5. 卍（wàn）：寓意吉祥的标志。
6. 楹：古人以"楹"代指房屋开间，如"三楹"即三开间宽的房子。

照壁[1]

得文木如豆瓣楠[2]之类为之，华而复雅，不则竟用素染[3]，或金漆亦可。青紫及洒金[4]描画，俱所最忌。亦不可用六[5]，堂中可用一带，斋中则止中楹用之。有以夹纱窗[6]或细格[7]代之者，俱称俗品。

1. 照壁：本义指中国特有的古代传统建筑，厅堂前与正门相对的墙，用以遮蔽、装饰。此处当指江南古建厅堂内的照壁板，又称"屏门"。《营造法原》："装于厅堂后双步柱间成屏列之门。"前厅与中厅之间以板壁屏障后门，使得厅堂空间更为完整。苏州园林现存屏门实物，用黄杨、银杏板穿挡或实拼，装饰以线刻、浅雕、书画，填以石绿，更显高雅。

2. 豆瓣楠：雅楠，又称斗柏楠、骰柏楠。明代王佐《新增格古要论》："出西蜀马湖府，纹理纵横不直，中有山水人物等花者，价高。四川亦难得，又谓之骰子柏楠（今俗云斗柏楠）。"

3. 素染：漆成白色。

4. 洒金：指漆地上洒金箔，再罩透明漆。

5. 用六：屏门通常以六块木板拼接而合为一宕。苏州园林厅堂的屏门，多有六块木板上雕刻、线画、填彩书画而合成整幅的实例。

6. 夹纱窗：也称隔扇、纱隔。《营造法原》："纱隔，或称纱窗，用于内部，以分派内外及前后，式与长窗相似，唯于内心仔背，易明瓦钉以青纱，或钉木板，糊裱书画。"

7. 细格：细格扇，又称纱橱，厅堂室内分隔空间的装饰构件。

堂 [1]

堂之制，宜宏敞精丽，前后须层轩[2]广庭，廊庑俱可容一席；四壁用细砖[3]砌者佳，不则竟用粉壁[4]。梁用球门[5]，高广相称。层阶俱以文石为之，小堂可不设窗槛[6]。

1. 堂：古代房屋，前为堂，后为室，堂为正厅。《营造法原》："吴中住宅平面之布置，自外而内，大抵先门第，而茶厅、大厅、楼厅。每进房屋均隔以天井。楼厅以后，或临界筑墙，或辟园圃。凡在正中纵线上之房屋，谓之正落。两旁之建筑物，称为边落，边落则建花厅书厅，其后建厨房和下房。""厅堂较高而深，前必有轩。"架梁的"扁方料者曰厅，圆料者曰堂，俗称圆堂。"分"大厅、茶厅（轿厅）、花厅、对照厅、女厅"等。
2. 层轩：层楼。轩，原指有窗的长廊或小屋，多作为厅堂的附属建筑，用来赏景。
3. 细砖：清水砖。
4. 粉壁：指白色的墙壁。
5. 球门：一种建筑梁架结构。除厅堂的主梁外，还有一些次要的短梁。如连接金柱和檐柱的梁，形体较为短小，上部弯曲如半球，梁头通常都做成较为复杂的形式，这类短梁，江南也称"轩梁"。
6. 窗槛：地坪窗，又名槛窗，安装在槛框上的窗子。明清苏州园林厅堂，宽度多为三开间，廊柱间正间设长窗，两次间装地坪窗。

山斋[1]

宜明净，不可太敞。明净可爽心神，太敞则费目力。或傍檐置窗槛，或由廊以入，俱随地所宜。中庭亦须稍广，可种花木，列盆景。夏日去北扉，前后洞空。庭际沃以饭沈[2]，雨渍苔生，绿缛可爱。绕砌可种翠云草[3]，令遍，茂则青葱欲浮。前垣[4]宜矮，有取薜荔[5]根瘗[6]墙下，洒鱼腥水于墙上以引蔓者，虽有幽致，然不如粉壁为佳。

1. 山斋：泛指文士幽居的书房静室。
2. 饭沈：饭食汤汁。沈，汁。
3. 翠云草：别名龙须草，多年生草本植物，匍匐地面，分枝蔓生，叶细密如鳞。
4. 垣（yuán）：墙。
5. 薜荔：又称木莲，常绿藤本植物，攀附生长于墙垣、大树、岩壁等上，属桑科。
6. 瘗（yì）：埋葬。

〔明〕文徵明·聚桂斋图

巖桂書圖

丈室[1]

　　丈室宜隆冬寒夜，略仿北地暖房之制，中可置卧榻及禅椅之属。前庭须广，以承日色，留西窗以受斜阳，不必开北牖[2]也。

1.　丈室：小室，宜参禅打坐。晚明士人多习禅，故有此专门小室。其构建多简易，木架茅草而已。倪瓒《狮子林图》卷中有"禅窝"，狮子林园中遗迹尚存。
2.　牖（yǒu）：窗户。

佛堂

　　筑基高五尺余，列级而上，前为小轩及左右俱设欢门[1]，后通三楹供佛。庭中以石子砌地，列幡幢[2]之属。另建一门，后为小室，可置卧榻。

1.　欢门：佛堂龛前、两侧悬挂的五彩经幔、经帐。南宋吴自牧《梦粱录》："朱绿五彩装饰，谓之'欢门'。"
2.　幡幢（fānzhuàng）：经幢，佛事用具，绣有经文的织物。佛教认为在幢上书写经文，可以使靠近幢身或接触幢上尘土的人减轻罪孽，得到超脱。

〔清〕金农·礼佛图

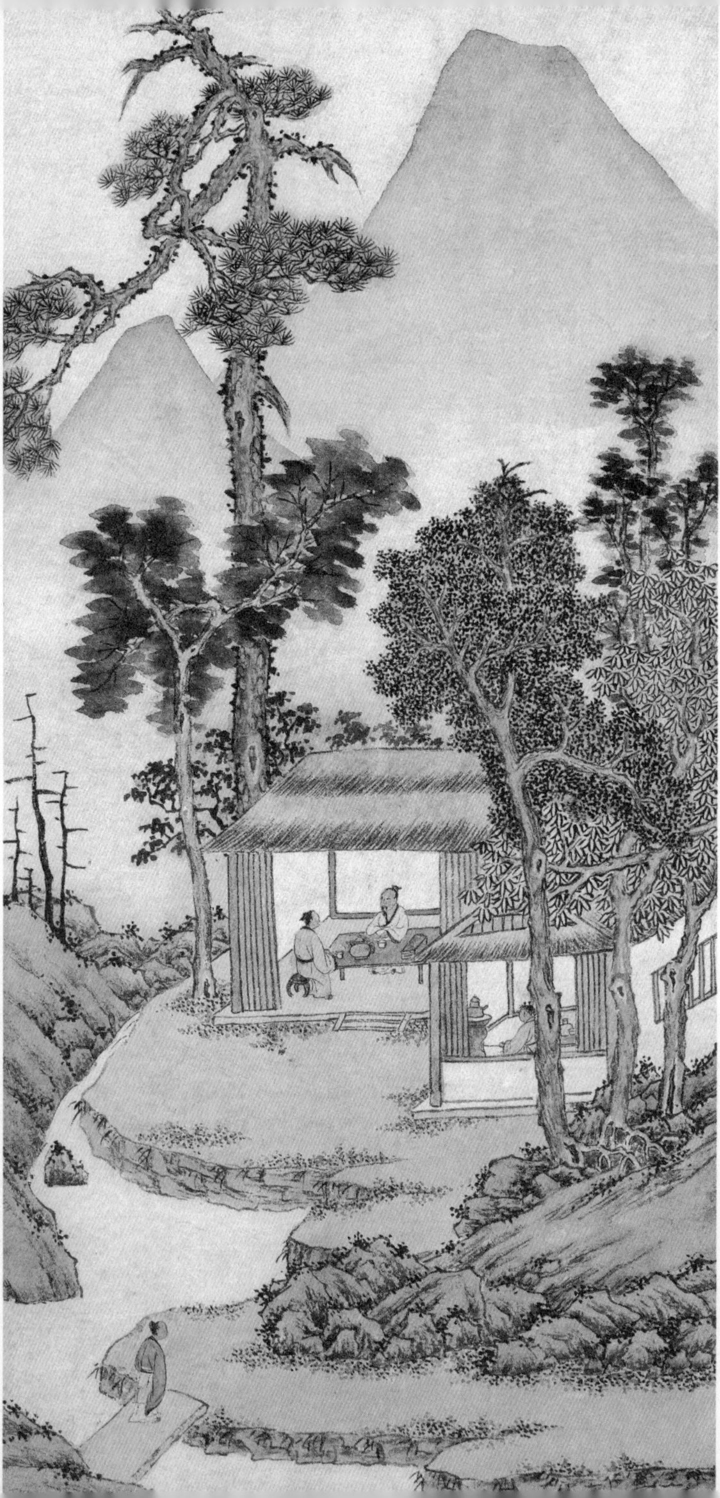

〔明〕文徵明·品茶图（局部）

桥 [1]

广池巨浸 [2]，须用文石为桥，雕镂云物 [3]，极其精工，不可入俗。小溪曲涧，用石子砌者佳，四旁可种绣墩草。板桥须三折，一木为栏，忌平板作朱卍字栏。有以太湖石为之，亦俗。石桥忌三环，板桥忌四方磬折 [4]，尤忌桥上置亭子。

1. 桥：《营造法原》："构桥用材，以石为主，木料次之，以其易于腐烂，修理又难，且步行其上，屐声磬磬，最易嚣扰清静。"
2. 巨浸：开阔的水面，大湖。
3. 云物：云气，景物。
4. 磬（qing）折：像磬一样直角折转。磬，打击乐器，形如曲尺。

茶寮

构一斗室，相傍山斋，内设茶具，教一童专主茶役，以供长日清谈，寒宵兀坐 [1]；幽人首务 [2]，不可少废者。

1. 兀坐：端坐，独自静坐。
2. 首务：第一要事。

琴室

古人有于平屋中埋一缸，缸悬铜钟以发琴声者。然不如层楼之下，盖上有板，则声不散；下空旷，则声透彻。或于乔松[1]、修竹[2]、岩洞、石室之下，地清境绝，更为雅称耳！

1. 乔松：高松。
2. 修竹：长竹。

浴室

前后二室，以墙隔之，前砌铁锅，后燃薪以俟[1]；更须密室，不为风寒所侵。近墙凿井，具辘轳[2]，为窍[3]引水以入。后为沟，引水以出。澡具巾帨[4]，咸[5]具其中。

1. 俟（si）：等待。
2. 辘轳（lù·lu）：井上汲水的木制装置。
3. 窍：孔，洞。
4. 巾帨（shuì）：巾，拭布。帨，佩巾，用以拭手。

5. 咸：全，都。

〔北宋〕赵佶·听琴图

街径 庭除 [1]

驰道广庭，以武康石[2]皮砌者最华整。花间岸侧，以石子砌成，或以碎瓦片斜砌者，雨久生苔，自然古色，宁必金钱作埒[3]，乃称胜地哉？

1. 街径庭除：街径，大路为街，小路为径。庭除，屋前阶下之庭院。
2. 武康石：浙江武康所产的石头。
3. 金钱作埒（liè）：典出《世说新语》，西晋人王济喜跑马，曾买地做跑马场，地价用绳子穿钱围跑马场一圈。埒，界限。

楼阁

楼阁，作房闼[1]者，须回环窈窕[2]；供登眺者，须轩敞弘丽；藏书画者，须爽垲[3]高深，此其大略也。楼作四面窗者，前楹用窗，后及两旁用板。阁作方样者，四面一式，楼前忌有露台卷篷[4]。楼板忌用砖铺，盖既名楼阁，必有定式，若复铺砖，与平屋何异？高阁作三层者最俗。楼下柱稍高，上可设平顶。

1. 房闼（tà）：卧室。闼，小门。
2. 窈窕：幽深状。
3. 爽垲（kǎi）：地势高敞干燥。
4. 露台卷篷：露台，指阶台之前所辟的平台。卷篷，即卷棚。

台

　　筑台忌六角，随地大小为之。若筑于土冈之上，四周用粗木，作朱阑[1]亦雅。

1.　朱阑：红栏杆。阑，同"栏"。

〔南宋〕马远（传）·雕台望云图

海论 [1]

忌用"承尘"，俗所称"天花板"是也，此仅可用之廨宇 [2] 中。地屏 [3] 则间可用之。暖室不可加簟，或用氍毹 [4] 为地衣亦可，然总不如细砖之雅。南方卑湿，空铺最宜，略多费耳。

室忌五柱，忌有两厢。前后堂相承，忌工字体，亦以近官廨也，退居 [5] 则间可用。忌傍 [6] 无避弄 [7]，庭较屋东偏稍广，则西日不逼。忌长而狭，忌矮而宽。亭忌上锐下狭，忌小六角，忌用葫芦顶，忌以茆盖 [8]，忌如钟鼓及城楼式。楼梯须从后影壁 [9] 上，忌置两傍，砖者作数曲更雅。临水亭榭，可用蓝绢为幔 [10] 以蔽日色，紫绢为帐以蔽风雪，外此俱不可用。尤忌用布，

1. 海论：总论。
2. 廨（xiè）宇：官舍。廨，官吏办事的公署、官舍。
3. 地屏：地板。
4. 氍毹（qúshū）：毛织的地毯。
5. 退居：供临时休息的房屋。
6. 傍：旁边，侧边。
7. 避弄：俗称备弄，指宅内正屋旁侧的通行小巷。为女眷、仆婢行走之道，以避男宾和主人。
8. 茆（máo）盖：茅草覆盖。茆通"茅"，茅草。
9. 影壁：即前文之"照壁"，江南古建称"屏门"，隔出前后空间。有一种女厅，为女眷起居应酬之所，中设屏门可隐蔽视线，楼梯隐于屏门后，方便出入。
10. 蓝绢为幔：绢，厚而疏的生丝织物。幔，帐幕。《说文解字》："幔，幕也。"清代朱骏声《说文通训定声》："蔽在上曰幔，在旁曰帷。"

以类酒舫[11]及市药设帐也。小室忌中隔，若有北窗者，则分为二室，忌纸糊，忌作雪洞[12]，此与混堂[13]无异，而俗子绝好之，俱不可解。

忌为卍字窗傍填板，忌墙角画梅及花鸟，古人最重题壁，今即使顾、陆[14]点染，钟、王[15]濡笔，俱不如素壁为佳。忌长廊一式，或更互其制，庶不入俗。忌竹木屏及竹篱之属，忌黄白铜为屈戌[16]。庭际不可铺细方砖，为承露台则可。忌两楹而中置一梁，上设叉手笆[17]，此皆元制而不甚雅。忌用板隔，隔必以砖。忌梁椽画罗纹[18]及金方胜[19]。如古屋岁久，木色已旧，未免绘饰，必须高手为之。

凡入门处必小委曲，忌太直。斋必三楹，傍更作一室，可置卧榻。面北小庭，不可太广，以北风甚厉

11. 酒舫（chuán）：舫，同"船"，酒船画舫，载酒泛舟出游行乐，明代苏州虎丘、山塘、石湖等地尤盛。

12. 雪洞：四壁涂以白垩的穹顶小室。

13. 混堂：浴室，俗称混堂。

14. 顾、陆：晋朝顾恺之、南北朝陆探微，均为绘画国手。

15. 钟、王：三国时期曹魏的钟繇、东晋王羲之，均为书法名家。

16. 屈戌（xū）：门窗上的环钮，搭扣。

17. 叉手笆：横梁与脊柱之间的斜撑。

18. 罗纹：回旋的花纹。

19. 金方胜：金色的方胜纹饰。方胜，两个菱形压角重叠相接组成的图案或样式，最早出现于金银首饰的制作，为传统吉祥纹饰。另江南小木切口有"金方胜"者，为元宝图案。

也。忌中楹设栏楯[20]，如今拔步床[21]式。忌穴壁为橱，忌以瓦为墙，有作金钱、梅花式者，此俱当付之一击。又鸱吻好望[22]，其名最古，今所用者，不知何物，须如古式为之，不则亦仿画中室宇之制。檐瓦不可用粉刷，得巨栟榈擘为承溜[23]，最雅。否则用竹，不可用木及锡。忌有卷棚，此官府设以听两造者，于人家不知何用。忌用梅花簹[24]。堂帘惟温州湘竹者佳，忌中有花如绣补[25]，忌有字如"寿山""福海"之类。

　　总之，随方制象，各有所宜，宁古无时，宁朴无巧，宁俭无俗；至于萧疏雅洁，又本性生，非强作解事者所得轻议矣。

20.　栏楯（shǔn）：栏杆。

21.　拔步床：明代一种大型床。由架子床和架子床前的围廊两部分组成，围廊与架子床相连，为一整体。围廊两侧可以放置小桌凳、便桶、灯盏，从床跨步于廊犹如进入一小室，地下铺板，床置于地板上，前有踏步，又称踏步床。

22.　鸱（chī）吻好望：古建屋脊两端的装饰物。鸱吻，古代神话传说中的神兽，口阔嗓粗，平生好吞火，好在险要处张望。寓意避火镇禳消灾。

23.　栟榈（bīnglú）擘（bò）为承溜：栟榈，棕榈。擘，剖开。承溜，屋檐接水的槽。

24.　簹（tà）：窗户。

　25.　绣补：明代官服前后，缀方幅绣花补子。

〔明〕沈贞·竹炉山房图

卷二　花木

〔明〕佚名（传文徵明）·玉兰图卷（局部）

弄花一岁[1]，看花十日。故帏箔映蔽[2]，铃索护持[3]，非徒富贵容也。第繁花杂木，宜以亩计。乃若庭除槛畔，必以虬枝古干，异种奇名，枝叶扶疏[4]，位置疏密。或水边石际，横偃斜披；或一望成林；或孤枝独秀。草花不可繁杂，随处植之，取其四时不断，皆入图画。又如桃、李不可植于庭除，似宜远望。红梅、绛桃，俱借以点缀林中，不宜多植。梅生山中，有苔藓者，移置药栏[5]，最古。杏花差不耐久，开时多值风雨，仅可作片时玩。蜡梅冬月最不可少。他如豆棚、菜圃，山家风味，固自不恶，然必辟隙地数顷，别为一区。若于庭除种植，便非韵事。更有石磉[6]木柱，架缚精整者，愈入恶道。至于艺兰栽菊，古各有方。时取以课园丁[7]，考职事，亦幽人之务也。志《花木第二》。

1. 一岁：一年。

2. 帏箔（bó）映蔽：指搭建花棚遮风挡雨。帏，帷幕。箔，帘子。

3. 铃索护持：绳线上系铃铛，用来驱赶飞鸟。

4. 扶疏：繁茂的样子。

5. 药栏：种植草药之栏，有时也指花栏。唐诗多以"药栏"入诗，有解以"芍药"者，有解以"花药"者，有解以"药草"者。花卉、本草相通。文震亨兄长文震孟，在姑苏筑小园"药圃"，遗址尚存。

6. 石磉（sǎng）：柱下石。

7. 课园丁：检查园丁的工作。苏州旧时山塘街桐桥以西，有大小园圃十余家，"前店后园"，店后皆有园圃数亩，为养花之地。园内种植花木之人，苏州俗称"花园子"。

牡丹 芍药

　　牡丹称花王，芍药称花相，俱花中贵裔。栽植赏玩，不可毫涉酸气。用文石为栏，参差数级，以次列种。花时设宴，用木为架，张碧油幔[1]于上以蔽日色，夜则悬灯以照。忌二种并列，忌置木桶及盆盎[2]中。

1. 　碧油幔：一种碧色幔帐，可避风雨日晒。
2. 　盆盎（àng）：泛指大盆。盎，古代的一种盆，腹大口小。

玉兰

　　宜种厅事[1]前，对列数株，花时如玉圃琼林[2]，最称绝胜。别有一种紫者，名木笔[3]，不堪与玉兰作婢，古人称辛夷，即此花。然辋川[4]辛夷坞、木兰柴[5]不应复名，当是二种。

1. 　厅事：厅堂。如苏州园林怡园藕香榭，又称"梅花厅事"。
2. 　玉圃琼林：玉树成林，寓意玉堂富贵。
3. 　木笔：又称辛夷，其花初开时，尖锐如笔，故名木笔。木兰科落叶大乔木，树高数丈，叶似柿叶而狭长，春初开花，花瓣淡紫色，内部洁白，香味馥郁，俗称"紫玉兰"。
4. 　辋川：唐代王维有辋川别业，属自然山水园林，在陕西蓝田。
5. 　辛夷坞、木兰柴：皆辋川别业景点，因玉兰盛开而得名。

〔清〕恽寿平·牡丹（局部）

海棠

　　昌州海棠[1]有香，今不可得；其次西府[2]为上，贴梗[3]次之，垂丝[4]又次之。余以垂丝娇媚，真如妃子醉态，较二种尤胜。木瓜[5]花似海棠，故亦有"木瓜海棠"，但木瓜花在叶先，海棠花在叶后，为差别耳。别有一种曰"秋海棠"[6]，性喜阴湿，宜种背阴阶砌，秋花中此为最艳，亦宜多植。

1. 昌州海棠：传海棠无香，唯昌州的品种独有香，其木大可合抱。昌州，在今四川大足。
2. 西府：西府海棠，又称"海红"，落叶小乔木，蔷薇科苹果属。花为淡红色。因长于西府即今陕西渭河一带而得名。
3. 贴梗：贴梗海棠，落叶灌木，蔷薇科木瓜属。植株低矮丛生，花多猩色，成簇贴梗生。
4. 垂丝：垂丝海棠，落叶小乔木，蔷薇科苹果属。花梗细长，重英向下垂，其色娇媚，有若小莲，故名。
5. 木瓜：落叶小乔木或灌木，蔷薇科木瓜属。花淡红色，两三朵簇生，果大如瓜，果实芳香，可作书斋清供。
6. 秋海棠：与上述各品海棠不同，秋海棠是多年生草本，叶有锯齿，秋天开花，花淡红色。

〔清〕恽寿平·秋海棠图

山茶

蜀茶[1]、滇茶[2]俱贵，黄者尤不易得。人家多以配玉兰，以其花同时，而红白烂然，差俗。又有一种名醉杨妃[3]，开向雪中，更自可爱。

1. 蜀茶：也称山茶花、川茶花，常绿乔木，花色红、白、斑不一，江、浙、闽等地都有种植，因不少品种源自成都，故名。
2. 滇茶：云南产茶花。品种甚多，名品有恨天高、紫袍、童子面、雪娇、玛瑙、狮子头、锦袍红、大理茶、鹤顶红等。
3. 醉杨妃：又名"杨贵妃"，蜀茶的变种，花淡红色，冬初开花。

桃

桃为仙木[1]，能制百鬼，种之成林，如入武陵桃源[2]，亦自有致，第非盆盎及庭除物。桃性早实，十年辄枯，故称"短命花"。碧桃[3]、人面桃[4]差久，较凡桃更美，池边宜多植。若桃柳相间，便俗。

1. 仙木：古人认为"桃为五木之精，能制百鬼"。新春佳节辞旧迎新，以桃木削成桃符，悬于门前镇鬼驱邪。
2. 武陵桃源：武陵，今湖南常德西。桃源，见陶渊明《桃花源记》。
3. 碧桃：又名千叶桃，桃的变种，重瓣，粉红色，可栽作盆景。
4. 人面桃：又称美人桃，花近于重瓣，粉红色。唐代崔护有"人面不知何处去，桃花依旧笑春风"句。

李

　　桃花如丽姝，歌舞场中，定不可少。李如女道士，宜置烟霞泉石间，但不必多种耳。别有一种名郁李子[1]，更美。

1.　郁李子：亦称车下李、爵李、雀梅等。落叶灌木，蔷薇科。花三五朵簇生，粉红色或近白色，果可食用。吴中多作盆景。

杏

　　杏与朱李[1]、蟠桃[2]皆堪鼎足，花亦柔媚。宜筑一台，杂植数十本[3]。

1.　朱李：果皮为红色的李，也称红李，赤李。
2.　蟠桃：桃的一种。落叶小乔木。果实扁圆。
3.　本：量词，棵；株。

梅

　　幽人花伴，梅实专房[1]，取苔护藓封[2]枝稍古者，移植石岩或庭际，最古。另种数亩，花时坐卧其中，令神骨俱清。绿萼[3]更胜，红梅[4]差俗；更有虬枝屈曲置盆盎中者，极奇。蜡梅[5]磬口[6]为上，荷花[7]次之，九英[8]最下，寒月庭除，亦不可无。

1. 专房：专宠。
2. 苔护藓封：枝干上有寄生苔藓类植物的古梅梅花，称苔梅，取其古意。南宋范成大《范村梅谱》："古梅，会稽最多，四明、吴兴亦间有之。其枝樛曲万状，苍藓鳞皴，封满花身。又有苔须垂于枝间，或长数寸，风至，绿丝飘飘可玩。"
3. 绿萼：绿萼梅，落叶灌木。因花萼纯绿得名，花白色或米黄色，为吴中名种。
4. 红梅：《范村梅谱》："粉红色，标格犹是梅，而繁密则如杏，香亦类杏……与江梅同开，红白相映，园林初春绝景也……承平时，此花独盛于姑苏。"
5. 蜡梅：落叶小灌木，与梅花不是一个品种。《范村梅谱》："本非梅类，以其与梅同时，香又相近，色酷似蜜蜡，故名蜡梅。"
6. 磬口：蜡梅的一种。《范村梅谱》："虽盛开，花常半含，名磬口梅，言似僧磬之口也。最先开。"
7. 荷花：荷花梅，也称素心梅。落叶灌木，花特大，蜡梅的变种。
8. 九英：九英梅，蜡梅的变种，又称"狗蝇梅"。《范村梅谱》："以子种出，不经接。花小，香淡，其品最下，俗谓之狗蝇梅。"

瑞香

　　相传庐山有比丘[1]昼寝，梦中闻花香，寤而求得之，故名"睡香"。四方奇异，谓"花中祥瑞"，故又名"瑞香"，别名"麝囊"。又有一种金边[2]者，人特重之。枝既粗俗，香复酷烈，能损群花，称为"花贼"，信不虚也。

1. 比丘：佛教语，出家人，僧人。
2. 金边：金边瑞香，瑞香的变种，叶缘为金黄色。

　　　　〔南宋〕李嵩·花篮图（局部）

薔薇 木香

尝见人家园林中，必以竹为屏，牵五色薔薇[1]于上。架木为轩，名"木香棚"。花时杂坐其下，此何异酒食肆中？然二种非屏架不堪植，或移着闺阁，供仕女采掇，差可。别有一种名"黄薔薇"[2]，最贵，花亦烂漫悦目。更有野外丛生者，名"野薔薇"[3]，香更浓郁，可比玫瑰。他如宝相[4]、金沙罗[5]、金钵盂[6]、佛见笑[7]、七姊妹[8]、十姊妹[9]、刺桐[10]、月桂等花，姿态相似，种法亦同。

1. 五色薔薇：薔薇的一种，花多而小，一枝五六朵，有深红、浅红之分。
2. 黄薔薇：落叶灌木，花色蜜黄。花期早，是薔薇之上品。
3. 野薔薇：亦称花中"野客"。落叶藤本，花簇生，白色或淡红色。
4. 宝相：明代高濂《草花谱》："宝相花，花较薔薇朵大，而千瓣塞心，有大红、粉红二种。"
5. 金沙罗：《草花谱》："金沙罗似薔薇而花单瓣，色更红艳夺目。"
6. 金钵（bō）盂：《草花谱》："金钵盂似沙罗而花小，夹瓣似瓯。红鲜可观。"
7. 佛见笑：又称荼蘼，薔薇变种，蔓生多刺，宜承以花棚。有一种，大朵千瓣，白而香。"开到荼蘼花事了"，春尽也。
8. 七姊妹：花似薔薇而小，一蓓七花，色有红、白、紫、淡紫四样，开在春尽。
9. 十姊妹：明代高濂《遵生八笺》："十姊妹花小而一蓓十花，故名。其色自一蓓中分红、紫、白、淡紫四色。"
10. 刺桐：或指刺蘼，又名缫丝花。分枝灌木，花淡红色，如玫瑰。

玫瑰

　　玫瑰一名"徘徊花"，以结为香囊，芬氲不绝，然实非幽人所宜佩。嫩条丛刺，不甚雅观，花色亦微俗，宜充食品[1]，不宜簪带。吴中有以亩计者，花时获利甚夥[2]。

1.　宜充食品：玫瑰可制玫瑰酱。明代宋诩《竹屿山房杂部》："用花瓣心捣糜烂，压去水，蜜和之、日暴之。加白砂糖复捣之，收入瓷器。"可制花露，旧时苏州饮食习俗，采四时花卉制花露饮用。
2.　夥：多。

紫荆棣棠

　　紫荆枝干枯索，花如缀珥[1]，形色香韵，无一可者。特以京兆一事[2]为世所述，以比嘉木。余谓不如多种棣棠，尤得风人[3]之旨。

1.　珥：珠玉所制的耳环。
2.　京兆一事：京兆，代指长安。事见南朝梁人吴均《续齐谐记》："京兆田真兄弟三人共议分财生赀，皆平均，惟堂前一株紫荆树，共议欲破三片。明日，就截之，其树即枯死，状如火然。真往见之，大惊，谓诸弟曰：'树本同株，闻将分斫，所以憔悴。是人不如木也。'因悲不自胜，不复解树，树应声荣茂。兄弟相感，合财宝，遂为孝门。"
3.　风人：诗人。《诗经》："常棣之华，鄂不韡韡。凡今之人，莫如兄弟。"棣棠花朵簇拥相依，古人将其喻作兄弟友爱。

葵花

葵花种类莫定，初夏花繁叶茂，最为可观。一曰"戎葵"[1]，奇态百出，宜种旷处；一曰"锦葵"[2]，其小如钱，文采可玩，宜种阶除；一曰"向日"[3]，别名"西番葵"，最恶。秋时一种，叶如龙爪，花作鹅黄者，名"秋葵"[4]，最佳。

1. 戎葵：蜀葵，又名一丈红，宿根草本，锦葵科。花单瓣或复瓣，有红、紫、白等色。
2. 锦葵：越年生或多年生草本，锦葵科。花淡紫红色。
3. 向日：向日葵，菊科，又称西番葵。一年生草本，花大如盘。
4. 秋葵：又名黄蜀葵，一年生草本，锦葵科。叶掌状，花黄色，下部红色。

罂粟

以重台千叶[1]者为佳。然单叶者子必满，取供清味亦不恶，药栏中不可缺此一种。

1. 重台千叶：花瓣层层堆叠的重瓣花朵。

〔清〕恽寿平·出水芙蓉

薇花 [1]

薇花四种：紫色之外，白色者曰"白薇"，红色者曰"红薇"，紫带蓝色者曰"翠薇"。此花四月开，九月歇，俗称"百日红"。山园植之，可称"耐久朋"。然花但宜远望，北人呼"猴郎达树"[2]，以树无皮，猴不能捷也，其名亦奇。

1. 薇花：紫薇花，又名满堂红。唐代宫廷普遍栽种紫薇花，中书省尤其多，唐玄宗将它改名为"紫薇省"，中书令称"紫薇令"，成为科甲发达的象征。江南庭院紫薇树多有栽种，寓意科第显达。
2. 猴郎达树：紫薇树身光滑，使猴子不能迅速攀爬上树，故名。又以手搔之，会枝叶颤动，似人怕痒，又称"怕痒树"。

芙蓉 [1]

宜植池岸，临水为佳；若他处植之，绝无丰致。有以靛纸 [2] 蘸花蕊上，仍裹其尖，花开碧色，以为佳，此甚无谓。

1. 芙蓉：芙蓉花，即木芙蓉，木莲。因花艳如荷花，故名。落叶乔木，锦葵科。品种不一，花色各异，大红、淡红、白色，有的可以一日三变其色，娇艳可爱。
2. 靛纸：蓝靛纸。靛，也叫"蓝靛"，一种蓝色染料。

萱花¹

　　萱草忘忧，亦名"宜男"，更可供食品，岩间墙角，最宜此种。又有"金萱"，色淡黄，香甚烈，义兴²山谷遍满，吴中甚少。他如紫白蛱蝶³、春罗⁴、秋罗⁵、鹿葱⁶、洛阳⁷、石竹⁸，皆此花之附庸也。

---

1. 萱花：萱草，多年生草本，百合科。花呈黄、红、紫色，其中黄色的可食用，即"黄花菜""金针菜"。萱花在中国传统文化中有"孝母"的含义。
2. 义兴：今江苏宜兴。
3. 紫白蛱蝶：紫色、白色的蝶恋花。多年生常绿草本，鸢尾科。黄花瓣上有赤色斑，白花瓣上有黄赤色斑。
4. 春罗：剪春罗，也叫剪夏罗，多年生草本，石竹科。入夏始开，花砖红色或橙红色。
5. 秋罗：剪秋罗，多年生草本，石竹科。夏秋间开，花为火红色。
6. 鹿葱：多年生草本，石蒜科。花为淡红紫色，因鹿喜食，故名。
7. 洛阳：洛阳花，多年生草本，石竹科。重瓣，有红、紫、白各色和红紫斑。
8. 石竹：又名石菊，多年生草本，石竹科。花有深红、淡红、白色，有单瓣、复瓣之分。

〔清〕蒋廷锡·蜀葵萱花图（局部）

〔清〕陈师曾·墨笔玉簪

富贵逼人何如家畦
璀花上冢云车玉
辔随地差人抾
花江南别中一花
师曾

薝蔔 [1]

一名"越桃"，一名"林兰"，俗名"栀子"，古称"禅友"。出自西域，宜种佛室中。其花不宜近嗅，有微细虫入人鼻孔，斋阁可无种也。

1. 薝蔔：通称黄兰花。乔木，木兰科。花橙黄色，原产于喜马拉雅地区。文震亨所写薝蔔，即栀子花，是另一品种。栀子花属常绿灌木，原产中国、越南、日本，属茜草科，花开香气袭人。江南习俗，初夏街头有卖花女，提篮叫卖栀子花和白兰花。

玉簪 [1]

洁白如玉，有微香，秋花中亦不恶。但宜墙边连种一带，花时一望成雪。若植盆石中，最俗。紫者名"紫萼" [2]，不佳。

1. 玉簪：玉簪花，又叫白萼，或叫白鹤花，多年生草本，百合科，适宜丛种。夏日开白花，或带紫色而有芳香。明代王象晋《群芳谱》："汉武帝宠李夫人，取玉簪搔头，后宫人皆效之，玉簪花之名取此。"
2. 紫萼：亦称紫玉簪，多年生草本，百合科。花较玉簪为小，而早开一月。

金钱 [1]

午开子落，故名"子午花"。长过尺许，扶以竹箭 [2]，乃不倾欹 [3]。种石畔，尤可观。

1. 金钱：金钱花，又名子午花、午时花，一年生草本，梧桐科。花为黄赤色，花朵如钱，故名。午时开花，翌晨闭合。
2. 竹箭：细竹。
3. 倾欹（qī）：倾斜，歪向一边。

藕花

藕花池塘最胜，或种五色官缸 [1]，供庭除赏玩犹可。缸上忌设小朱栏，花亦当取异种，如并头 [2]、重台 [3]、品字 [4]、四面观音 [5]、碧莲 [6]、金边 [7] 等乃佳。白者藕胜，红者房 [8] 胜。不可种七石酒缸 [9] 及花缸 [10] 内。

1. 五色官缸：明代景德镇官窑烧制的五彩釉大缸。
2. 并头：并蒂莲。花头瓣化并分离为两个头，似一梗上生两花。
3. 重台：重台莲。花开放后，莲蓬中眼内复吐花，无子。
4. 品字：品字莲，又称一品莲。一蒂三花，品字形排列。
5. 四面观音：四面莲，一蒂花开四朵。
6. 碧莲：碧莲花，花白绿色。
7. 金边：与"锦边"通。花的边缘呈紫红色，或每边有红晕、黄晕，而其他部分纯白。
8. 房：莲蓬，莲花的花托，里面有莲子。
9. 七石酒缸：这里指旧时人家置于天井的陶质水缸。
10. 花缸：晚明宜兴有烧制，一般指用来养金鱼的大陶缸。

〔清〕谢荪·荷花图

水仙 [1]

　　水仙二种 [2]，花高叶短，单瓣者佳。冬月宜多植，但其性不耐寒，取极佳者移盆盎，置几案间。次者杂植松竹之下，或古梅奇石间，更雅。冯夷 [3] 服花八石，得为水仙，其名最雅，六朝人乃 [4] 呼为"雅蒜"，大可轩渠 [5]。

1.　水仙：水仙花，多年生草本，石蒜科。单瓣者称"金盏银台"，花白色。复瓣者称"玉玲珑"，花白色，花香浓郁。
2.　水仙二种：指水仙花单瓣与复瓣二种。花瓣为单层即为单瓣。《学圃杂疏》："凡花重台者为贵，水仙以单瓣者为贵。"
3.　冯夷：古水神河伯。相传冯夷因服食八石花，得水仙而成神。
4.　乃：副词，竟然，却。
5.　轩渠：大笑的样子。

凤仙

　　号"金凤花" [1]，宋避李后讳 [2]，改为"好女儿花"。其种易生，花叶俱无可观。更有以五色种子同纳竹筒，花开五色，以为奇，甚无谓。花红，能染指甲 [3]，然亦非美人所宜。

1.　金凤花：花形宛如飞凤，头翅尾俱全，故名。
2.　李后讳：李后，字凤娘，河南安阳人。明代李时珍《本草纲目》："宋光宗李后讳'凤'，宫中呼为'好女儿花'。"
3.　染指甲：凤仙花俗名"染指甲花"。

茉莉¹ 素馨² 百合³

夏夜最宜多置，风轮一鼓，满室清芬。章江⁴编篱插棘俱用茉莉，花时千艘俱集虎丘⁵，故花市⁶初夏最盛。培养得法，亦能隔岁发花，第枝叶非几案物，不若夜合⁷，可供瓶玩。

1. 茉莉：常绿藤本，木樨科。花白色，有香气。六月时江南盛戴珠兰、茉莉。
2. 素馨：常绿灌木，木樨科。初秋开花，花白色而芬芳。《本草纲目》："素馨……枝干袅娜，叶似茉莉而小。其花细瘦四瓣，有黄、白二色。采花压油泽头，甚香滑也。"
3. 百合：多年生草本，百合科。花呈漏斗状，外面淡红色，或带淡绿色、白色，有芳香。
4. 章江：赣水，在江西。《江西通志》："茉莉，赣产，皆常种，业之者以千万计。……舫载以达江湖，岁食其利。"
5. 虎丘：在苏州城西北，为吴中第一名胜。相传春秋时吴王夫差葬其父阖闾于此，葬后三日有白虎踞其上，故名。
6. 花市：虎丘山塘有四季花市，春天有"牡丹花市"，夏天有"茉莉珠兰市"，秋天有"木樨菊花市"，冬天为"水仙花市"。明代虎丘有花神庙，农历二月十二日百花生日这天，又名"花朝"，花农聚集，笙歌酬答，祀奉花神，祈求百花兴旺。
7. 夜合：夜合花，百合的一种。《遵生八笺》："夏则以四窑方圆大盆，种夜合二株，花可四五朵者，架以朱几，黄萱三二株，亦可看玩。"

杜鹃 [1]

花极烂熳 [2]，性喜阴畏热，宜置树下阴处。花时移置几案间。别有一种名"映山红" [3]，宜种石岩之上，又名"山踯躅"。

1. 杜鹃：杜鹃花，常绿或落叶乔木或灌木，花有红、白、黄、紫各色，种类颇多。
2. 烂熳（màn）：同"烂漫"。
3. 映山红：又名满山红、红踯躅、山踯躅、山石榴，常绿或半常绿小乔木，杜鹃花科。花玫瑰红色，浓淡不一。

秋色 [1]

吴中称鸡冠 [2]、雁来红 [3]、十样锦 [4] 之属，名"秋色"。秋深，杂彩烂然，俱堪点缀。然仅可植广庭，若幽窗多种，便觉芜杂。鸡冠有矮脚者，种亦奇。

1. 秋色：秋日之色。吴中把鸡冠花、雁来红、十样锦之类的花草，叫作"秋色"。
2. 鸡冠：鸡冠花。一年生草本，花多为红色，呈鸡冠状，故名。
3. 雁来红：以雁来而色娇红，故名。别名老少年，一年生植物，苋科。叶子长成后呈鲜红色和黄色斑纹。
4. 十样锦：雁来红的一种。《遵生八笺》："十样锦，枝头乱叶有红、紫、黄、绿四色，故名。"

春谷鳥邊風漸輭
杜鵑花上雨初乾

新羅山人寫於解弢館

〔清〕华嵒·春谷杜鹃图

松

　　松、柏古虽并称，然最高贵者，必以松为首。天目[1]最上，然不易种。取栝子松[2]植堂前广庭，或广台之上，不妨对偶。斋中宜植一株，下用文石为台，或太湖石为栏，俱可。水仙、兰蕙、萱草之属，杂莳[3]其下。山松宜植土冈之上，龙鳞既成[4]，涛水相应[5]，何减五株[6]、九里[7]哉？

1. 天目：天目松，浙、皖交界处的天目山所产的一种小矮松，长悬崖绝壁、石罅岩缝间，得雨露所润而生，非由泥土滋养，状如盖，松针粗短，百年之松高不过数尺，颇有古意，世人以为奇物。
2. 栝（guā）子松：栝松，俗称"白皮松"。
3. 莳（shì）：栽种。
4. 龙鳞既成：指山松长成后，树身犹如龙鳞斑驳。
5. 涛水相应：指风吹松林犹如涛声应和。
6. 五株：《史记》："（始皇）上泰山……风雨暴至，休于树下，因封其树为五大夫。"
7. 九里：唐刺史袁仁敬守杭时，于行春桥至灵隐、三天竺间植松，左右各三行，凡九里，苍翠夹道，人称九里松。

木槿[1]

　　花中最贱，然古称"舜华"，其名最远，又称"朝菌"。编篱野岸，不妨间植，必称林园佳友，未之敢许[2]也。

1.　木槿：落叶灌木，锦葵科。花呈白、蓝、紫、红、粉诸色。别名舜华、朝菌、朝开夜落花。《诗经》云："有女同车，颜如舜华。"
2.　许：赞同。

桂

　　丛桂[1]开时，真称"香窟"。宜辟地二亩，取各种并植，结亭其中，不得颜[2]以"天香"[3]"小山"[4]等语，更勿以他树杂之。树下地平如掌，洁不容唾[5]，花落地，即取以充食品[6]。

1.　丛桂：桂花是常绿乔木，花开香浓。丛桂，桂花虽一树，而树干丛生，分为几株。
2.　颜：指悬于亭上的匾额。
3.　天香：月宫有桂树，比喻桂花香从天宫而来。
4.　小山：咏桂花典故，南北朝庾信《枯树赋》："小山则丛桂留人。"桂花香气令人流连，不肯离去。
5.　唾：唾液，口水。
6.　充食品：桂花可做桂花酱，苏州光福种桂历史悠久，当地以青梅汁与桂花一起腌渍，所制调味品多用于糕点、汤水等甜食中。

柳

顺插为杨，倒插为柳[1]，更须临池种之。柔条拂水，弄绿搓黄，大有逸致。且其种不生虫，更可贵也。西湖柳亦佳，颇涉脂粉气。白杨、风杨[2]，俱不入品。

1. 顺插为杨，倒插为柳：杨，就是蒲柳，又名"水杨"，柳树的一种。《本草纲目》认为"杨枝硬而扬起，故谓之杨。柳枝弱而垂流，故谓之柳"。李时珍认为杨、柳是"一类二种"。"顺插为杨，倒插为柳"的观点，最早出自元代苏州人俞宗本《种树书》，他所引用的观点其实大多来自南宋《种艺必用》与元代《种艺必用补遗》两书。文震亨沿用旧说，才有杨、柳不同。而明代万历《汝南圃史》明确反驳这一观点，"此谬语，不可信"。
2. 白杨、风杨：白杨为落叶乔木，产北地，往往植之坟茔，俗称大叶杨。风杨即枫杨，落叶乔木，胡桃科，花为黄绿色。

黄杨

黄杨未必厄闰[1]，然实难长。长丈余者，绿叶古株，最可爱玩。不宜植盆盎中。

1. 厄闰：旧说黄杨遇闰年不长。《本草纲目》："（黄杨）性难长，俗说'岁长一寸，遇闰则退'。"

芭蕉 [1]

绿窗分映 [2]，但取短者 [3] 为佳，盖高则叶为风所碎 [4] 耳。冬月有去梗以稻草覆之者，过三年即生花结甘露 [5]，亦甚不必。又有作盆玩者，更可笑。不如棕榈为雅，且为麈尾 [6] 蒲团，更适用也。

1. 芭蕉：雅称绿天，多年生大型草本，芭蕉科，我国南方多有栽培。古人植芭蕉，取其叶大招凉、消夏佐静。
2. 绿窗分映：形容窗前被栽种的芭蕉映衬得满是绿色。
3. 短者：指低矮的芭蕉。
4. 碎：吹破。
5. 甘露：芭蕉的花苞，因花苞中有积水如蜜状，称"甘露"。
6. 麈（zhǔ）尾：即拂尘，古人清谈时用以掸尘驱蚊的助兴器具。麈，鹿类，其尾可做拂尘。

槐榆

宜植门庭，板扉绿映，真如翠幄 [1]。槐有一种天然樛屈 [2]、枝叶皆倒垂蒙密，名"盘槐"，亦可观。他如石楠 [3]、冬青、杉柏，皆丘垄 [4] 间物，非园林所尚也。

1. 翠幄：绿色帐幕。
2. 樛（jiū）屈：树木向下弯曲。
3. 石楠：常绿小乔木，蔷薇科。新叶与将落之叶都是红色。
4. 丘垄：坟墓，田野。

梧桐

　　青桐有佳荫，株绿如翠玉，宜种广庭中。当日令人洗拭，且取枝梗如画者。若直上而旁无他枝，如拳如盖及生棉[1]者，皆所不取。其子亦可点茶[2]。生于山冈者曰"冈桐"，子可作油。

1.　生棉：梧桐树有吹棉介壳虫寄生，如生棉絮，上下纷飞。
2.　其子亦可点茶：梧桐子，生食、炒熟皆可。点茶，宋代的饮茶方式。宋人制团茶，茶饼碾粉，以沸水注入茶盏，称"点茶"。明代不用茶饼，制作散茶直接泡饮，但也有将各种花、果与茶叶一起冲泡的，称为"点茶"，犹有宋人遗风。

椿

　　椿树高耸而枝叶疏，与樗不异[1]。香曰"椿"，臭曰"樗"。圃中沿墙，宜多植以供食。

1.　与樗（chū）不异：与樗树没有差别。樗，即臭椿。

银杏

　　银杏株叶扶疏，新绿时最可爱。吴中刹宇[1]及旧家名园，大有合抱者，新植似不必。

1.　刹宇：寺院。

乌臼[1]

　　秋晚，叶红可爱，较枫树更耐久[2]。茂林中有一株两株，不减石径寒山[3]也。

1.　乌臼（jiù）：乌桕。落叶乔木，大戟科。秋叶鲜红绚烂，冬初叶落，结子放蜡，乌鸦喜食。
2.　耐久：指乌桕比枫树的观赏时间更长。
3.　不减石径寒山：指不输唐诗中"远上寒山石径斜，白云深处有人家。
　　停车坐爱枫林晚，霜叶红于二月花"的观枫意境。

〔宋〕佚名·乌柏文禽图

竹

　　种竹宜筑土为垄[1]，环水为溪，小桥斜渡，陟级而登[2]，上留平台，以供坐卧，科头[3] 散发，俨如万竹林中人[4] 也。否则辟地数亩，尽去杂树，四周石垒令稍高，以石柱朱栏围之，竹下不留纤尘片叶，可席地而坐，或留石台石凳之属。竹取长枝巨干，以毛竹[5] 为第一，然宜山不宜城；城中则护基笋[6] 最佳，余不甚雅。粉、筋、斑、紫[7] 四种俱可，燕竹[8] 最下。慈姥竹即桃枝竹，不入品。又有木竹[9]、黄菰竹[10]、箬竹[11]、方竹[12]、黄

1. 垄：埂子，田地分界高起的土堆。
2. 陟（zhì）级而登：沿阶而上。
3. 科头：不戴冠帽。
4. 万竹林中人：喻竹林隐士。元代陶宗仪《为谢居士题画册》"竹林避暑"篇："万竹林中草缚庵，溪声隐隐隔云岚。日长客去收经卷，一枕清风睡正酣。"
5. 毛竹：又称茅竹，竹竿粗大而厚，江南各地多见。
6. 护基笋：护基竹的笋。又名哺鸡竹，叶大多浓荫，江南人家庭院多有栽种。笋，食之甘脆。
7. 粉、筋、斑、紫：粉，粉竹，淡竹，竹节下多粉白。筋，筋竹，元代李衎《竹谱详录》："筋竹，江、浙、闽、广之间，处处有之。"斑，斑竹，即湘妃竹，又称潇湘竹。紫，紫竹，老竹呈黑紫色。
8. 燕竹：又名旱竹，当燕来时出笋，故名。
9. 木竹：又名石竹。竿孔甚小，近于实心，可采为杖。
10. 黄菰（gū）竹：黄姑竹，色绿坚韧，可作篾。
11. 箬竹：叶片巨大，质薄，多用以衬垫茶叶篓，还可用以包粽子。
12. 方竹：又名四方竹，四季出笋。明代文士如沈周，以之做拉杖，洵为雅器。

金间碧玉[13]、观音[14]、凤尾[15]、金银[16]诸竹。忌种花栏之上，及庭中平植一带，墙头直立数竿。至如小竹丛生，曰"潇湘竹"，宜于石岩小池之畔，留植数枝，亦有幽致。种竹有"疏种""密种""浅种""深种"之法。"疏种"谓三四尺地方种一窠[17]，欲其土虚行鞭[18]；"密种"谓竹种虽疏，然每窠却种四五竿，欲其根密；"浅种"谓种时入土不深；"深种"谓入土虽不深，上以田泥壅[19]之。如法，无不茂盛。又棕竹[20]三等，曰筋头，曰短柄，二种枝短叶垂，堪植盆盎；曰朴竹，节稀叶硬，全欠温雅，但可作扇骨料及画叉[21]柄耳。

---

13. 黄金间碧玉：亦名金镶碧嵌竹，竿皮黄色，中有绿条。

14. 观音：亦称凤尾竹。《竹谱详录》："一种与淡竹无异，但叶差小，细瘦待佛杨柳。高只五六尺，婆娑可喜。亦有紫色者。"

15. 凤尾：凤尾竹。清代陈淏子《花镜》："凤尾竹，紫竿，高不过二三尺。叶细小而猗那，类凤毛，盆种可作清玩。"

16. 金银：金竹与银竹。金竹，枝干黄净如真金；银竹，笋长三四尺，肥白而脆，产西宁。

17. 窠（kē）：量词，棵。

18. 欲其土虚行鞭：指使得土地疏松，有空间让竹鞭生长。

19. 壅（yōng）：指用田泥培在竹根上。

20. 棕竹：亦名棕榈竹，丛生灌木，棕榈科。叶掌状顶生，有节如竹，是热带植物。

21. 画叉：用来张挂画轴的叉子。宋代郭若虚《图画见闻志》："张文懿……每张画，必先施帘幕，画叉以白玉为之，其画可知也。"

菊

吴中菊盛时，好事家[1]必取数百本，五色相间，高下次列，以供赏玩。此以夸富贵容[2]则可，若真能赏花者，必觅异种[3]，用古盆盎植一枝两枝，茎挺而秀，叶密而肥，至花发时，置几榻间，坐卧把玩，乃为得花之性情。甘菊[4]惟荡口[5]有一种枝曲如偃盖，花密如铺锦者，最奇，余仅可收花以供服食。野菊宜着篱落间。种菊有"六要二防"之法：谓胎养、土宜、扶植、雨旸[6]、修葺、灌溉、防虫及雀，作蕾时，必来摘叶，此皆园丁所宜知，又非吾辈事也。至如瓦料盆及合两瓦为盆者，不如无花为愈矣。

1. 好事家：北宋米芾将书画收藏者论为鉴赏家、好事家两种。好事家指家多资力，贪名好胜，只会人云亦云收藏的好事之徒。
2. 夸富贵容：江南赏菊风俗，富家庭院里堆叠百十盆花，称为菊花山；又在室内罗列瓶盎，以多为贵。
3. 异种：《学圃杂疏》："菊，至江阴、上海、吾州而变态极矣，有长丈许者，有大如碗者，有作异色、二色者，而皆名粗种。其最贵乃各色剪绒，各色撞，各色西施，各色狼牙，乃谓之细种，种之最难……菊中有黄白报君知，最先开……又有一种五、九月开，亦异种也。"
4. 甘菊：生于山野间，有黄白二种，可作汤，也可入药。
5. 荡口：江苏无锡荡口镇。
6. 扶植、雨旸（yáng）：扶植，种菊须扦竹，菊苗长到三四寸，以小细竹枝立于菊旁，以线束缚使菊直立生长。雨旸，指留意阳光和雨水。旸，晴天。

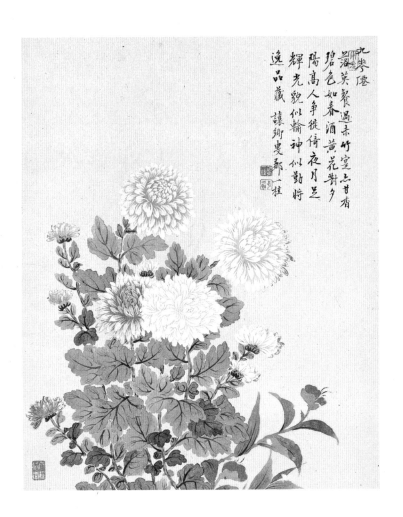

九秋懷

落英餐過赤竹寔志甘香
碧色如春酒黃花對夕
陽高人爭徙倚夜月呈
輝光貌似輪神似勤將
逸品藏 讓卿叟鄒一桂

〔清〕邹一桂·花卉图·菊花

兰 [1]

兰出自闽中[2]者为上，叶如剑芒，花高于叶，《离骚》所谓"秋兰兮青青，绿叶兮紫茎"者是也。次则赣州[3]者亦佳，此俱山斋所不可少，然每处仅可置一盆，多则类虎丘花市。盆盎须觅旧龙泉[4]、均州[5]、内府[6]、供春[7]绝大者，忌用花缸、牛腿[8]诸俗制。

四时培植，春日叶芽已发，盆土已肥，不可沃肥水，常以尘帚拂拭其叶，勿令尘垢；夏日花开叶嫩，勿以手摇动，待其长茂，然后拂拭；秋则微拨开根土，以米泔水少许注根下，勿渍污叶上；冬则安顿向阳暖室，天晴无风舁[9]出，时时以盆转动，四面令匀，

1. 兰：兰科兰属，品种丰富，按照开花季节有春兰、夏兰、秋兰、冬兰。大致分兰、蕙两种：一茎一花为兰，一茎数花为蕙。

2. 闽中：福建。建兰产于福建，多在秋季开花，又称秋兰。分墨兰、红兰、素心等品种。

3. 赣州：江西赣州。明代王世懋《学圃杂疏》："闽产为佳，赣州兰叶不长劲，价当减半。"

4. 龙泉：龙泉青瓷。在浙江龙泉烧造，起自晋代，以烧制青瓷而闻名，釉色苍翠。著名的有"粉青""梅子青"。

5. 均州：均瓷，古代五大名瓷之一。均窑烧造始于唐，地处河南禹县，宋时称均州。均瓷有玫瑰紫、海棠红、茄色紫等各色，绚烂多彩。

6. 内府：内府瓷，宫廷烧造瓷器。

7. 供春：明代宜兴烧造紫砂陶器高手，制树瘿壶最有名。

8. 牛腿：牛腿缸，旧时厨房用来蓄水。

9. 舁（yú）：抬，举。

午后即收入，勿令霜雪侵之。若叶黑无花，则阴多故也。治蚁虱，惟以大盆或缸盛水，浸逼花盆，则蚁自去。又治叶虱[10]如白点，以水一盆，滴香油少许于内，用绵蘸水拂拭，亦自去矣，此艺兰简便法也。

又有一种出杭州者曰"杭兰"[11]，出阳羡山中者名"兴兰"[12]，一干数花者曰"蕙"[13]，此皆可移植石岩之下，须得彼中原本[14]，则岁岁发花。"珍珠"[15]"风兰"[16]，俱不入品。箬兰[17]，其叶如箬，似兰无馨，草花奇种。金粟兰名"赛兰"，香特甚。

10. 叶虱：兰叶有虫，长出白点。
11. 杭兰：浙江杭州所产之兰。《群芳谱》："花如建兰，香甚，一枝一花，叶较建兰稍阔。有紫花黄心，色若胭脂。有白花黄心，白若羊脂，花甚可爱。"
12. 兴兰：江苏宜兴产的兰花。《学圃杂疏》："一茎一花者，曰兰，宜兴山中特多。"
13. 蕙：蕙兰。
14. 彼中原本：指从产地得来、未经分盆分株的原本兰花。
15. 珍珠：金粟兰、珍珠兰，或称珠兰。金粟兰科，蔓状常绿灌木，树如茉莉，花如金粟，呈黄绿色，香气浓郁，但与兰花并非一种。
16. 风兰：吊兰，挂兰。常绿草本，兰科。花黄白色，有微香。
17. 箬兰：又称白芨、朱兰。叶似箬，花紫色，似兰而无香。

瓶花

　　堂供必高瓶大枝，方快人意。忌繁杂如缚，忌花瘦于瓶，忌香烟、灯煤熏触，忌油手拈弄，忌井水贮瓶，味咸，不宜于花，忌以插花水入口，梅花、秋海棠二种，其毒尤甚。冬月入硫黄于瓶中则不冻。

盆玩 [1]

盆玩，时尚 [2] 以列几案间者为第一，列庭榭中者次之，余持论则反是。最古者以天目松为第一，高不过二尺，短不过尺许，其本如臂，其针若簇，结为马远 [3] 之"欹斜诘曲"、郭熙 [4] 之"露顶张拳"、刘松年 [5] 之"偃亚层叠"、盛子昭 [6] 之"拖拽轩翥"等状，栽以佳器，槎牙 [7] 可观。又有古梅，苍藓鳞皴，苔须垂满，含花吐叶，历久不败者，亦古。若如时尚作沉香片 [8] 者，甚无谓。盖木片生花，有何趣味？真所谓以"耳食" [9] 者矣。又有枸杞及水冬青、野榆、桧柏 [10] 之属，根若龙蛇，不露束缚锯截痕者，俱高品也。其次则闽之水

1. 盆玩：盆景。
2. 时尚：现时的风尚。明代沈德符《万历野获编》论"时玩"："玩好之物，以古为贵。惟本朝则不然。"
3. 马远：南宋画家，画边角山水闻名，人称"马一角"。
4. 郭熙：北宋山水画大家。
5. 刘松年：南宋著名画家，擅长人物、山水。
6. 盛子昭：元代画家，擅长花鸟、人物。
7. 槎（chá）牙：树枝错落状。
8. 沉香片：指枯木盆栽，枝干如沉香一片，如曾遭雷殛枯木而不死，长出新叶嫩芽。
9. 耳食：听闻人言而轻信。
10. 桧（guì）柏：圆柏，常绿乔木，柏科。叶有刺叶、鳞叶两种，变种甚多。

竹[11]、杭之虎刺[12]，尚在雅俗间。乃若菖蒲[13]九节，神仙所珍，见石则细，见土则粗，极难培养。吴人洗根浇水，竹翦修净，谓朝取叶间垂露可以润眼，意极珍之。余谓此宜以石子铺一小庭，遍种其上，雨过青翠，自然生香。若盆中栽植，列几案间，殊为无谓，此与蟠桃、双果[14]之类，俱未敢随俗作好也。他如春之兰蕙，夏之夜合、黄香萱[15]、夹竹桃花，秋之黄、蜜矮菊[16]，冬之短叶水仙及美人蕉诸种，俱可随时供玩。盆以青绿古铜、白定[17]、官、哥等窑为第一。新制者，五色内窑及供春，粗料可用，余不入品。盆宜圆不宜方，尤忌长狭。石以灵璧[18]、英石[19]、西山[20]佐之，余亦不入品。斋中亦仅可置一二盆，不可多列。小者忌架于朱几，大者忌置于官砖[21]。得旧石凳或古石莲磉[22]为座，乃佳。

11. 水竹：竹之最小而可置几案间者。

12. 虎刺：常绿小灌木，茜草科。花白色，果殷红色，经久不凋。

13. 菖蒲：天南星科。生长溪流中，叶剑状而细，花小，黄绿色。

14. 双果：桃实之骈结者，也称合欢果、鸳鸯桃。

15. 黄香萱：金萱，黄萱。

16. 黄、蜜矮菊：黄、蜜二色菊花。

17. 白定：白色定窑瓷器，有素凸花、划花、印花等工艺。

18. 灵璧：灵璧石，产自今安徽灵璧。含金属成分，敲击声清脆，古代以此制作石磬。灵璧是中国最古老的赏石品种。

19. 英石：广东英德产，造型奇峭。

20. 西山：西山石，即太湖石，出自苏州太湖西山。

21. 官砖：俗称"金砖"。明代苏州陆墓御窑烧砖，细腻坚厚。

22. 古石莲磉：刻有莲花纹的石磉。磉，厅堂石鼓磴下的石构件。

〔清〕汪承霈·画万年花甲

卷三　水石

〔明〕陈洪绶·幽亭听泉图（局部）

石令人古，水令人远。园林水石，最不可无。要须回环峭拔，安插得宜。一峰则太华千寻[1]，一勺则江湖万里。又须修竹、老木、怪藤、丑树，交覆角立[2]苍崖，碧涧奔泉汛流，如入深岩绝壑之中，乃为名区胜地。约略[3]其名，匪[4]一端矣。志《水石第三》。

---

1. 太华千寻：指堆一石峰，气势有华山壁立千仞的耸峻。太华，西岳华山，在今陕西华阴。寻，长度单位，一寻为七尺或八尺。
2. 角立：卓然特立。
3. 约略：大略，大体上。
4. 匪：非，不。

广池

　　凿池自亩以及顷[1]，愈广愈胜。最广者，中可置台榭之属，或长堤横隔，汀蒲[2]、岸苇[3]杂植其中，一望无际，乃称巨浸。若须华整，以文石为岸，朱栏回绕，忌中留土，如俗名战鱼墩[4]，或拟金、焦[5]之类。池傍植垂柳，忌桃杏间种。中畜凫雁[6]，须十数为群，方有生意[7]。最广处可置水阁，必如图画中者佳。忌置簰舍[8]。于岸侧植藕花，削竹为阑，勿令蔓衍。忌荷叶满池，不见水色。

1.　顷：地积单位，百亩为顷。
2.　汀蒲（tīngpú）：汀，水边小平地，小洲。蒲，菖蒲，多年生草本植物，叶形似剑，也称"蒲剑"。据说端午节悬蒲于门上，可辟邪。
3.　苇：芦苇，多年生草本植物，其茎可编席，也可造纸。
4.　战鱼墩：明代苏州阊门吊桥附近地名，巷中有土墩，状似鲇鱼，故名"鲇鱼墩"。苏州方言，"鲇"字念"战"，故袭名"战鱼墩"。
5.　拟金、焦：指模仿金山、焦山两山对峙貌。金山、焦山，江苏镇江名胜古迹，都是长江中的小岛，原在江中对峙，金山于清末起始与陆地相连。
6.　凫（fú）雁：凫，水鸟，俗称"野鸭"。雁，鹅。
7.　生意：生机，生命力。
8.　簰（pái）舍：竹排、木排上搭建的小屋。簰，竹排或木排。

〔明〕陈洪绶·花鸟精品册（其一）

小池

　　阶前石畔，凿一小池，必须湖石四围，泉清可见底。中畜朱鱼、翠藻，游泳可玩。四周树野藤、细竹。能掘地稍深引泉脉[1]者更佳。忌方、圆、八角诸式。

1.　泉脉：地下伏流的泉水，因类似人体的脉络，故名。

瀑布

　　山居引泉，从高而下，为瀑布稍易。园林中欲作此，须截竹长短不一，尽承檐溜[1]，暗接藏石罅[2]中，以斧劈石叠高，下凿小池承水，置石林立其下，雨中能令飞泉溃薄[3]，潺湲[4]有声，亦一奇也。尤宜竹间松下，青葱掩映，更自可观。亦有蓄水于山顶，客至去闸，水从空直注者，终不如雨中承溜为雅。盖总属人为，此尤近自然耳。

1.　檐溜（liù）：顺屋檐流下来的水。
2.　石罅（xià）：石缝。罅，缝隙。
3.　溃（pēn）薄：汹涌，激荡。
4.　潺湲（chányuán）：水流动的样子。

凿井

井水味浊，不可供烹煮，然浇花洗竹，涤砚拭几，俱不可缺。凿井须于竹树之下，深见泉脉，上置辘轳引汲，不则盖一小亭覆之。石栏古号"银床"，取旧制最大而古朴者置其上。井有神，井傍可置顽石，凿一小龛[1]，遇岁时，奠以清泉一杯，亦自有致。

1. 龛（kān）：供奉神佛的小阁子。

天泉[1]

秋水为上，梅水[2]次之。秋水白而冽，梅水白而甘。春冬二水，春胜于冬，盖以和风甘雨，故夏月暴雨不宜，或因风雷蛟龙所致，最足伤人。雪为五谷之精，取以煎茶，最为幽况，然新者有土气，稍陈乃佳。承水用布，于中庭受之，不可用檐溜。

1. 天泉：天落水，雨水、雪水。
2. 梅水：江南黄梅天所下雨水。

地泉

乳泉[1]漫流，如惠山泉[2]为最胜，次取清寒者。泉不难于清，而难于寒。土多、沙腻、泥凝者，必不清寒。又有香而甘者，然甘易而香难，未有香而不甘者也。瀑涌湍急者勿食，食久令人有头疾。如庐山水帘、天台瀑布[3]，以供耳目则可，入水品则不宜。温泉下生硫黄，亦非食品。

1. 乳泉：细泉。
2. 惠山泉：又称慧泉，在江苏无锡西郊，今锡惠公园内。唐代陆羽品之为天下第二泉。
3. 庐山水帘、天台瀑布：江西庐山三叠泉和浙江天台山石梁瀑布。

流水

江水取去人远者。扬子南泠[1]，夹石渟渊[2]，特入首品。河流通泉窦[3]者，必须汲置，候其澄澈，亦可食。

1. 扬子南泠（líng）：细泉。扬子，即长江。南泠，南泠泉，又称中泠泉、中濡泉，位于江苏镇江金山以西的石弹山下，唐代陆羽品为天下第一泉。
2. 渟渊：聚水深潭。
3. 泉窦：泉眼。

丹泉

名山大川，仙翁修炼之处，水中有丹，其味异常，能延年却病，此自然之丹液，不易得也。

〔明〕梅清·鸣泉图

〔清〕居廉·花卉奇石（其一）

品石

石以灵璧[1]为上，英石[2]次之。然二种品甚贵，购之颇艰，大者尤不易得，高逾数尺者，便属奇品。小者可置几案间，色如漆、声如玉者最佳。横石以蜡地[3]而峰峦峭拔者为上，俗言"灵璧无峰""英石无坡"，以余所见，亦不尽然。他石纹片粗大，绝无曲折岈嵼、森耸、崚嶒[4]者。近更有以大块辰砂[5]、石青[6]、石绿[7]为研山[8]、盆石，最俗。

1. 灵璧：灵璧石，产自安徽灵璧。色如漆，有纹，叩之声音清脆悠扬。
2. 英石：产自广东英德，有微青、灰黑、灰白、浅绿等色。大的可用来垒叠假山，小的可用来作几案盆景。
3. 蜡地：蜡色的质地。
4. 岈嵼、森耸、崚嶒：都是形容奇石险峻、高耸之貌。
5. 辰砂：湖南辰州产朱砂，称为辰砂，色绯红。
6. 石青：蓝铜矿，产自广东南海，色青翠，经久不变，可做颜料。
7. 石绿：孔雀石，色泽鲜艳，可用制饰物及颜料。
8. 研山：以天然小山石堆成山形，作为案头清供。

灵璧

　　出凤阳府宿州灵璧县，在深山沙土中，掘之乃见，有细白纹如玉，不起岩岫[1]。佳者如卧牛、蟠螭[2]，种种异状，真奇品也。

1.　不起岩岫（xiù）：苏州话"不起峰头"之意。岩岫，山岩的峰峦洞穴。
2.　蟠螭：如龙的神兽。

英石

　　出英州[1]，倒生岩下[2]，以锯取之，故底平起峰，高有至三尺及寸余者。小斋之前，叠一小山，最为清贵，然道远不易致。

1.　英州：今广东英德。
2.　倒生岩下：指英石如钟乳般倒垂长于岩洞巨石上。

太湖石

　　石在水中者为贵，岁久为波涛冲击，皆成空石，面面玲珑。在山上者名"旱石"，枯而不润，赝作弹窝[1]，若历年岁久，斧痕已尽，亦为雅观。吴中所尚假山，皆用此石。又有小石久沉湖中，渔人网得之，与灵璧、英石亦颇相类，第声不清响。

1.　弹窝：太湖石为石灰岩，长期被水波侵蚀，自然形成的孔洞。

尧峰石 [1]

　　近时始出，苔藓丛生，古朴可爱。以未经采凿，山中甚多，但不玲珑耳。然正以不玲珑，故佳。

1.　尧峰石：尧峰山，在苏州西南郊。苏州园林假山有太湖石，有黄石。明代计成《园冶》指尧峰石为"黄石"一种，明代中期后，太湖石日渐稀缺，尧峰石往往代替太湖石，成为苏州园林假山石。

昆山石

出昆山[1]马鞍山下，生于山中，掘之乃得，以色白者为贵。有鸡骨片、胡桃块[2]二种，然亦俗尚，非雅物也。间有高七八尺者，置之古大石盆中，亦可。此山皆火石[3]，火气暖，故栽菖蒲等物于上，最茂。惟不可置几案及盆盎中。

1. 昆山：县名。明代苏州府下辖昆山县。
2. 鸡骨片、胡桃块：昆石肌理薄如鸡骨，或如胡桃表面褶皱。
3. 火石：燧石，可取火。

锦川[1]将乐[2]羊肚[3]

石品惟此三种最下，锦川尤恶。每见人家石假山，辄置数峰于上，不知何味？斧劈以大而顽者为雅，若直立一片，亦最可厌。

1. 锦川：锦川石，产自浙江衢州。《园冶》："斯石宜旧，有五色者，有纯绿者，纹如画松皮，高丈余，阔盈尺者贵，丈内者多……旧者纹眼嵌空，色质清润，可以花间树下，插立可观。"
2. 将乐：将乐石，出自福建将乐的石帆山。大者如张帆，白如雪，亦有带微红色的，小者可供清玩。
3. 羊肚：羊肚石，又称海浮石。体有浮沉，虽多人物鸟兽之肖，宜取立盆树之下，可以养菖蒲。

土玛瑙

出山东兖州府沂州[1]，花纹如玛瑙，红多而细润者佳。有红丝石，白地上有赤红纹；有竹叶玛瑙，花斑与竹叶相类，故名。此俱可锯板嵌几榻屏风之类，非贵品也。石子五色[2]，或大如拳，或小如豆，中有禽、鱼、鸟、兽、人物、方胜、回纹之形，置青绿小盆，或宣窑白盆内，斑然可玩。其价甚贵，亦不易得。然斋中不可多置，近见人家环列数盆，竟如贾肆。新都[3]人有名"醉石斋"[4]者，闻其藏石甚富且奇。其地溪涧中，另有纯红纯绿者，亦可爱玩。

1. 兖（yǎn）州府沂（yí）州：今山东临沂。
2. 石子五色：五色玛瑙石，即南京雨花石。
3. 新都：汉代设新都郡，后改新安，明代为徽州府、严州府。
4. 醉石斋：雨花石收藏家程克全，明万历年间曾任"新安别驾"，侨居南京长干里。有醉石斋，藏石颇富。

大理石 [1]

出滇中，白若玉、黑若墨为贵，白微带青、黑微带灰者，皆下品。但得旧石，天成山水云烟如米家山 [2]，此为无上佳品。古人以镶屏风，近始作几榻，终为非古。近京口 [3] 一种，与大理相似 [4]，但花色不清，石药 [5] 填之为山云泉石，亦可得高价。然真伪亦易辨，真者更以旧为贵。

1. 大理石：出云南大理点苍山，明代曾作贡石。
2. 米家山：宋代米芾父子所创山水画法，烟云渲染，宛若天成，也称米点山水。
3. 京口：今江苏镇江。
4. 与大理相似：这种与大理石相似的石头，时称"龙潭石"。
5. 石药：大理石为石灰岩，用酸性药物腐蚀大理石人工造出图案，当时苏州周丹泉擅此。

永石

即祁阳石，出楚中 [1]。石不坚，色好者有山、水、日、月、人物之象。紫花者稍胜，然多是刀刮成，非自然者，以手摸之，凹凸者可验。大者以制屏，亦雅。

1. 楚中：祁阳石出自今湖南永州祁阳，为旧之楚地。

〔明〕陈洪绶·兰花柱石图

卷四 禽鱼

〔明〕唐寅·饮鹤图（局部）

语鸟[1]拂阁以低飞，游鱼排荇[2]而径度，幽人会心，辄令竟日[3]忘倦。顾[4]声音颜色，饮啄态度，远而巢居穴处，眠沙泳浦，戏广浮深；近而穿屋贺厦[5]，知岁[6]司晨[7]，啼春[8]噪晚[9]者，品类不可胜纪。丹林绿水，岂令凡俗之品，阑入[10]其中。故必疏[11]其雅洁，可供清玩者数种，令童子爱养饵饲，得其性情，庶几驯鸟雀，狎[12]凫鱼，亦山林之经济[13]也。志《禽鱼第四》。

1. 语鸟：善鸣之鸟。
2. 荇：多年生水生草本，茎细长，节上生根，沉没水中。叶对生，漂浮水面。花深绿色，嫩叶可食，属龙胆科。
3. 竟日：终日。
4. 顾：看，视。
5. 穿屋贺厦：穿屋，指雀。《诗经》："谁谓雀无角，何以穿我屋。"贺厦，指燕雀。《淮南子》："大厦成而燕雀相贺。"
6. 知岁：喜鹊。《淮南子》："夫鹊，先识岁之多风也，去高木而巢扶枝。"
7. 司晨：鸡。《襄阳记》："鸡主司晨。"
8. 啼春：莺，初春始鸣。
9. 噪晚：指乌鸦。唐人钱起有诗："丹凤城头噪晚鸦。"
10. 阑入：不应入而入。
11. 疏：逐条说明。
12. 狎（xiá）：戏弄，此处指亲近、养护。
13. 山林之经济：山林，指幽士隐居之所。经济，学识、才干。

鹤[1]

华亭鹤窠[2]村所出，具[3]体高俊，绿足龟文，最为可爱。江陵[4]鹤泽、维扬[5]俱有之。相鹤[6]，但取标格[7]奇俊，喙声清亮，颈欲细而长，足欲瘦而节，身欲人立，背欲直削。蓄之者当筑广台，或高冈土垅之上，居以茅庵，邻以池沼，饲以鱼谷。欲教以舞，俟其饥，置食于空野，使童子拊掌[8]顿足以诱之。习之既熟，一闻拊掌，即便起舞，谓之"食化"[9]。空林别墅，白石青松，惟此君最宜。其余羽族，俱未入品。

1. 鹤：鹤之种类颇多，最名贵的是丹顶鹤，又称仙鹤。
2. 华亭鹤窠（kē）：华亭，今上海松江。明代屠隆《考槃余事》："惟华亭鹤窠村所出为得地，盖以海东飞集于下沙，原非华产。"
3. 具：同"俱"，都。
4. 江陵：湖北江陵。南宋祝穆《方舆胜览》："江陵泽中多有鹤，常取之教舞，以娱宾客，因名鹤泽，后遂呼江陵郡名为'鹤泽'。"
5. 维扬：今江苏扬州。嘉庆《扬州府志》："鹤，鹄也，出吕四场者，足有龟纹。"
6. 相鹤：晚明人周履靖辑有《相鹤经》，其《相鹤诀》引宋代林洪《山家清事》。
7. 标格：风范，风格。
8. 拊（fǔ）掌：拍手。
9. 食化：用饲食驯化。

〔北宋〕赵佶·瑞鹤图

鸂鶒 [1]

鸂鶒能敕水 [2]，故水族不能害。蓄之者，宜于广池巨浸，十数为群，翠毛朱喙 [3]，灿然水中。他如乌喙白鸭，亦可畜一二，以代鹅群，曲栏垂柳之下，游泳可玩。

1. 鸂鶒（xīchì）：俗称"紫鸳鸯"。《本草纲目》："（鸂鶒）其游于溪也，左雄右雌，群伍不乱，似有式度者……其形大于鸳鸯，而色多紫，亦好并游，故谓之紫鸳鸯也。"
2. 敕（chì）水：驱除水中邪祟、鬼物。
3. 朱喙（huì）：红嘴。喙，特指鸟兽的嘴。

鹦鹉 [1]

鹦鹉能言，然须教以小诗及韵语，不可令闻市井鄙俚之谈，聒然盈耳。铜架食缸，俱须精巧。然此鸟及锦鸡 [2]、孔雀、倒挂 [3]、吐绶 [4] 诸种，皆断为闺阁中物，非幽人所需也。

1. 鹦鹉：有白、赤、黄、绿等色，可效仿人言。《名山藏》载，浡泥、爪哇、满剌加等东南亚诸国，明代均有贡鹦鹉等珍禽。
2. 锦鸡：观赏鸟类，雉科，有白腹锦鸡、红腹锦鸡。雄鸟头上有金色的冠毛，颈橙黄色，背暗绿色，杂有紫色，尾巴很长。
3. 倒挂：倒挂鸟，绿毛红嘴，形小似雀，状如鹦鹉，夜晚时倒悬。
4. 吐绶：吐绶鸟，又名吐绶鸡，产于我国南方山林中的一种角雉。

〔北宋〕赵佶·五色鹦鹉图

〔宋〕佚名·枯树鹳鹆图

百舌[1] 画眉[2] 鸜鹆[3]

　　饲养驯熟，绵蛮[4]软语，百种杂出，俱极可听，然亦非幽斋所宜。或于曲廊之下，雕笼画槛[5]，点缀景色则可。吴中最尚此鸟。余谓有禽癖者，当觅茂林高树，听其自然弄声，尤觉可爱。更有小鸟名"黄头"[6]，好斗，形既不雅，尤属无谓。

1.　百舌：雀形目鹟科，又名反舌，善仿其他鸟鸣。黑褐色，黄嘴。
2.　画眉：形似山雀，眼上有白斑如眉，鸣声悠扬动人。
3.　鸜鹆（qúyù）：鸲鹆，雀形目椋鸟科，俗称八哥。善于效仿人言和其他鸟鸣。
4.　绵蛮：鸟鸣声。
5.　画槛：画栏。槛，栏杆。
6.　黄头：黄雀。似麻雀，嘴小而尖利，爪刚而力强，性好斗。

朱鱼[1]

朱鱼独盛吴中[2]，以色如辰州朱砂，故名。此种最宜盆蓄，有红而带黄色者，仅可点缀陂池[3]。

1. 朱鱼：金鱼，当时又称朱砂鱼。明代郎瑛《七修类稿》："杭自嘉靖戊申来生有一种金鲫，名曰火鱼，以色至赤故也。人无有不好，家无有不蓄。竞色射利，交相争尚，多者十余缸。"
2. 独盛吴中：明代张谦德《朱砂鱼谱》："吴地好事家，每于园池齐阁胜处辄蓄朱砂鱼，以供目观。余家城中自戊子迄今，所见不啻数十万头。"
3. 陂（bēi）池：池塘。

鱼类

初尚纯红、纯白，继尚金盔、金鞍、锦被，及印头红、裹头红、连腮红、首尾红、鹤顶红，继又尚墨眼、雪眼、朱眼、紫眼、玛瑙眼、琥珀眼、金管、银管，时尚极以为贵。又有堆金砌玉、落花流水、莲台八瓣、隔断红尘、玉带围、梅花片、波浪纹、七星纹，种种变态，难以尽述，然亦随意定名，无定式也。

蓝鱼[1]白鱼[2]

　　蓝如翠，白如雪，迫而视之，肠胃俱见，此即朱鱼别种，亦贵甚。

1.　蓝鱼：朱鱼变种，荧灰色，鳞不透明，透明的称为"水晶蓝"。
2.　白鱼：朱鱼变种，鳞透明，可见其肠胃，今称"玻璃鱼"。明代张谦德《朱砂鱼谱》："乃有久之变为葱白者、翡翠者、水晶者，迫而视之俱洞见肠胃，此朱砂鱼之别种可贵者。但不一二年，复变为白矣，倘亦彩云易散琉璃脆耶？"

鱼尾

　　自二尾以至九尾[1]，皆有之，第美钟于尾，身材未必佳。盖鱼身必洪纤[2]合度，骨肉停匀，花色鲜明，方入格。

1.　九尾：《朱砂鱼谱》："鱼尾皆二，独朱砂鱼有三尾者、五尾者、七尾者、九尾者，凡鱼所无也……余家庚寅（1590，万历十八年）年所蓄，一时有头顶朱砂王字者、玉带者、七星者、巧云者、梅花者、红白边缘者，皆九尾、七尾。吴中好事家竟移樽俎，蚁集鉴赏，历数月乃罢。"
2.　洪纤：大小，粗细。

观鱼

宜早起，日未出时，不论陂池、盆盎，鱼皆荡漾于清泉碧沼之间。又宜凉天夜月，倒影插波，时时惊鳞泼剌[1]，耳目为醒。至如微风披拂，琮琮[2]成韵，雨过新涨，縠纹[3]皱绿，皆观鱼之佳境也。

1. 泼剌：鱼跃声。
2. 琮（cóng）琮：泉水声。
3. 縠（hú）纹：细细的波纹。縠，有皱纹的纱。

吸水

盆中换水一两日，即底积垢腻，宜用湘竹一段，作吸水筒吸去之。倘过时不吸，色便不鲜美。故佳鱼，池中断不可蓄。

水缸

　　有古铜缸，大可容二石[1]，青绿四裹，古人不知何用，当是穴中注油点灯之物，今取以蓄鱼，最古。其次以五色内府官窑[2]，瓷州[3]所烧纯白者亦可用。惟不可用宜兴所烧花缸，及七石牛腿诸俗式。余所以列此者，实以备清玩一种，若必按图而索，亦为板俗。

1. 石：容量单位，十斗为一石。
2. 内府官窑：官窑烧制的大缸，器身使用青花绘画龙纹而得名，称"龙缸"。洪武时即在景德镇设窑烧制龙缸，宣德、正统、隆庆、万历等朝皆有烧造。
3. 瓷州：磁州，今河北磁县。磁州窑，自北宋起烧造，是中国古代北方最大的民窑。《大明会典》："嘉靖三十二年题准、通行折价……磁州缸七十三只、瓶坛一万五千七百六十二个，共该银一百七十二两二钱二分。"

〔南宋〕周东卿·鱼乐图（局部）

卷五 书画

〔唐〕阎立本 · 北齐校书图（局部）

金生于山，珠产于渊，取之不穷，犹为天下所珍惜，况书画在宇宙，岁月既久，名人艺士，不能复生，可不珍秘宝爱？一入俗子之手，动见劳辱[1]，卷舒[2]失所，操揉[3]燥裂，真书画之厄也。故有收藏而未能识鉴，识鉴而不善阅玩，阅玩而不能装裱[4]，装裱而不能铨次[5]，皆非能真蓄书画者。又蓄聚既多，妍蚩[6]混杂，甲乙次第[7]，毫不可讹[8]。若使真赝并陈，新旧错出，如入贾胡肆[9]中，有何趣味！所藏必有晋、唐、宋、元名迹，乃称博古。若徒取近代纸墨，较量真伪，心无真赏，以耳为目，手执卷轴，口论贵贱，真恶道也。志《书画第五》。

1.　劳辱：指频繁取置，不加爱护。
2.　卷舒：卷起和展开。
3.　操揉：把持，摩擦。
4.　装裱（chǐ）：又作"装池"，装裱古籍或书画。
5.　铨（quán）次：评定等次。
6.　妍蚩（chī）：美丑。
7.　甲乙次第：分别等级。
8.　讹（é）：错误。
9.　贾（gǔ）胡肆：古玩铺。贾胡，即胡贾，古时谓西域人善识宝。

论书

　　观古法书，当澄心定虑，先观用笔结体[1]，精神照应；次观人为天巧、自然强作；次考古今跋尾[2]、相传来历；次辨收藏印识、纸色、绢素[3]。或得结构而不得锋芒者，模本[4]也；得笔意而不得位置者，临本[5]也；笔势不联属，字形如算子[6]者，集书[7]也；形迹虽存，而真彩神气索然者，双钩[8]也。又古人用墨，无论燥润肥瘦，俱透入纸素，后人伪作，墨浮而易辩。

1. 用笔结体：笔法和结构。
2. 跋（bá）尾：题文字于卷尾。
3. 印识、纸色、绢素：印识，印鉴与落款；纸色，根据纸张颜色、厚薄、帘纹等判定书画年代；绢素，古代用于绘画的绢帛，颜色、疏密有异，据此判断年代。《洞天清禄集》："河北绢，经纬一等，故无背面。江南绢，则经粗而纬细，有背面。唐人画，或用捣熟绢为之。然止是生捣，令丝编不碍笔，非如今煮练加浆也。"
4. 模本：摹写之本。用纸覆盖真迹上，照之摹画。
5. 临本：临写之本，对照真迹临仿而作。
6. 算子：算盘珠。
7. 集书：据存世书法碑帖，集字而成。
8. 双钩：用细线照样描画书法真迹的轮廓，然后填墨仿之。

论画

　　山水第一，竹、树、兰、石次之，人物、鸟兽、楼殿、屋木小者次之，大者又次之。人物顾盼语言，花果迎风带露，鸟兽虫鱼，精神逼真，山水林泉，清闲幽旷，屋庐深邃，桥彴[1]往来，石老而润，水淡而明，山势崔嵬[2]，泉流洒落，云烟出没，野径迂回，松偃龙蛇，竹藏风雨，山脚入水澄清，水源来历分晓，有此数端，虽不知名，定是妙手。若人物如尸如塑，花果类粉捏雕刻，虫鱼鸟兽，但取皮毛，山水林泉，布置迫塞，楼阁模糊错杂，桥彴强作断形，径无夷险，路无出入，石止一面，树少四枝，或高大不称，或远近不分，或浓淡失宜，点染无法，或山脚无水面，水源无来历，虽有名款，定是俗笔，为后人填写。至于临摹赝手，落墨设色[3]，自然不古，不难辨也。

1.　桥彴（zhuó）：独木桥，小桥。
2.　崔嵬（wéi）：高峻。
3.　落墨设色：国画分水墨、设色。水墨画纯以浓淡墨色绘制。用各种颜料涂色、着色，称设色。

书画价

　　书价以正书[1]为标准。如右军草书一百字，乃敌一行行书；三行行书，敌一行正书；至于《乐毅》《黄庭》《画赞》《告誓》[2]，但得成篇，不可计以字数。画价亦然。山水竹石、古名贤像，可当正书；人物花鸟，小者可当行书；人物大者及神图佛像、宫室楼阁、走兽虫鱼，可当草书。若夫台阁标功臣之烈，宫殿彰贞节之名，妙将入神，灵则通圣，开厨或失，挂壁欲飞[3]，但涉奇事异名，即为无价国宝。又书画原为雅道，一作牛鬼蛇神，不可诘识[4]，无论古今名手，俱落第二。

1.　正书：正楷。
2.　《乐毅》《黄庭》《画赞》《告誓》：四种皆为王羲之书法名作。
3.　开厨或失，挂壁欲飞：比喻顾恺之、张僧繇作品之神妙。《晋书》载，顾恺之曾将一柜橱非常珍爱的画寄放在朋友桓玄那里，桓玄却从柜子的后面窃取了画，然后像原来一样封好归还，并骗顾恺之说从未打开过柜子。顾恺之看到柜子前面的封题跟原来一样，却遗失了画，直说妙画通灵，好像凡人登仙，变化离去了，一点奇怪的神色都没有。挂壁欲飞，即画龙点睛典故。

110　4.　诘（jié）识：辨认识别。

〔东晋〕王羲之·快雪时晴帖

古今优劣

　　书学必以时代为限。六朝不及晋魏，宋元不及六朝与唐。画则不然，佛道、人物、仕女、牛马，近不及古，山水、林石、花竹、禽鱼，古不及近。如顾恺之[1]、陆探微[2]、张僧繇[3]、吴道玄[4]及阎立德、立本[5]，皆纯重雅正，性出天然；周昉[6]、韩幹[7]、戴嵩[8]，气韵骨法，皆出意表，后之学者，终莫能及；至如李成[9]、关全[10]、范宽[11]、董源[12]、徐熙[13]、黄筌[14]、居寀[15]、二米[16]、胜国松雪[17]、大痴[18]、元镇[19]、叔明[20]诸公，近代唐、沈[21]及吾家太史、和州[22]辈，皆不借师资，穷工极致，借使二李[23]复生，边鸾[24]再出，亦何以措手其间。故蓄书必远求上古，蓄画始自顾、陆、张、吴，下至嘉隆[25]名笔，皆有奇观。惟近时点染诸公，则未敢轻议。

1.　顾恺之：晋代书画家，擅画人像、佛像、禽兽、山水。

2.　陆探微：南北朝书画家，擅画肖像、佛像、禽兽。

3.　张僧繇（yóu）：南北朝书画家，擅画山水、佛像。

4.　吴道玄：唐代书画家吴道子，擅画佛像、人物。

5.　阎立德、立本：皆唐代画家，阎立本为阎立德之弟。阎立德擅画人物、树石、禽兽。阎立本擅画台阁、车马、肖像。

6.　周昉（fǎng）：唐代画家，字仲朗、景玄，善绘人物、佛像。

7.　韩幹：唐代画家，以画马著称。

8. 戴嵩：唐代画家，韩滉（huàng）弟子，画水牛尤为著名。与韩幹所画之马，并称为"韩马戴牛"。

9. 李成：五代宋初画家，字咸熙，尤擅画山水，自成一家，因好用淡墨，有"惜墨如金"之称。

10. 关仝（tóng）：五代后梁画家，擅画山水，号"关家山水"。

11. 范宽：北宋画家，又名中正，字中立。因性情宽和，人呼范宽。与董源、李成并称为山水画"北宋三大家"。

12. 董源：五代画家，又名董元，字叔达，南派山水画开山鼻祖。

13. 徐熙：五代南唐画家，善画花鸟虫鱼，与黄筌并称"黄徐"。

14. 黄筌（quán）：五代十国西蜀画家。擅画异卉珍禽、佛道、人物、山水。

15. 居寀（cǎi）：黄筌季子，擅绘花竹禽鸟、山水。

16. 二米：指宋代书画家米芾与米友仁父子。米芾所创立的"米点山水"在中国山水画史上独树一帜。米友仁，人称其为"小米"。

17. 胜国松雪：本朝称前朝曰"胜国"。元代书画家赵孟頫，字子昂，号松雪道人，擅画山水、木石、花竹、人马等。

18. 大痴：元代画家黄公望，别号"大痴道人"，擅画山水，与吴镇、倪瓒、王蒙合称"元四家"。

19. 元镇：元代画家倪瓒，别字"元镇"，"元四家"之一，擅画山水、墨竹。

20. 叔明：元代画家王蒙，字"叔明"，赵孟頫外孙，"元四家"之一，擅画山水、人物、墨竹。

21. 唐、沈：指明代画家唐寅与沈周。绘画上，唐寅、沈周与文徵明、仇英并称"明四家"。

22. 吾家太史、和州：文徵明、文嘉。文徵明曾任翰林待诏，称文太史。文嘉曾任和州学正。文嘉乃文徵明次子。

23. 二李：唐代画家李思训、李昭道父子，擅长青绿山水，因授武职，称大、小李将军。

24. 边鸾：唐代画家，擅画花鸟等。

25. 嘉隆：嘉靖、隆庆年间。

粉本

　　古人画稿，谓之粉本。前辈多宝蓄之，盖其草草不经意处，有自然之妙。宣和、绍兴[1]所藏粉本，多有神妙者。

1.　宣和、绍兴：宣和（1119—1125），宋徽宗年号；绍兴（1131—1162），宋高宗年号。

赏鉴

　　看书画如对美人，不可毫涉粗浮之气。盖古画纸绢皆脆，舒卷不得法，最易损坏，尤不可近风日，灯下不可看画，恐落煤烬及为烛泪所污。饭后醉余，欲观卷轴，须以净水涤手；展玩之际，不可以指甲剔损。诸如此类，不可枚举。然必欲事事勿犯，又恐涉强作清态。惟遇真能赏鉴及阅古甚富者，方可与谈。若对伧父[1]辈，惟有珍秘不出耳。

114　　1.　伧（cāng）父：粗鄙之人。

绢素

古画绢色墨气，自有一种古香可爱。惟佛像有香烟熏黑，多是上下二色。伪作者，其色黄而不精采。古绢自然破者，必有鲫鱼口[1]，须连三四丝，伪作则直裂。唐绢丝粗而厚，或有捣熟者，有独梭绢[2]，阔四尺余者。五代绢极粗，如布。宋有院绢[3]，匀净厚密，亦有独梭绢，阔五尺余，细密如纸者。元绢及国朝内府绢，俱与宋绢同。胜国时有宓机绢[4]，松雪、子昭画多用此，盖出嘉兴府宓家，以绢得名，今此地尚有佳者。近董太史[5]笔，多用砑光[6]白绫，未免有进贤气[7]。

1. 鲫鱼口：指古绢破损处呈鲫鱼口状。
2. 独梭绢：经线、纬线均为一股织成的单丝绢，较薄。
3. 院绢：宋代画院开始出现的一种双丝绢，经线两根一组，质地优良。
4. 宓（mì）机绢：浙江嘉兴宓姓所出之绢，极匀净。
5. 董太史：董其昌，明代著名书画家。字玄宰，松江人。曾任翰林，故称太史。曾为帝师，官至礼部尚书。继吴门画派后，倡导文人画，松江画派之集大成者。
6. 砑（yà）光：用卵形、元宝形石块碾压皮革、布帛、纸张等，使其密实而光亮。
7. 进贤气：比喻官员的做派。进贤，冠名，明代朝服梁冠。

〔北宋〕赵佶·梅花绣眼图

御府书画

　　宋徽宗御府所藏书画，俱是御书标题，后用"宣和"年号玉瓢御宝[1]记之。题画书于引首[2]一条，阔仅指大，傍有木印黑字一行，俱装池匠花押[3]名款，然亦真伪相杂，盖当时名手临摹之作，皆题为真迹。至明昌[4]所题更多，然今人得之，亦可谓"买王得羊"[5]矣。

1.　玉瓢御宝：宋徽宗赵佶所用的葫芦形玉玺。
2.　引首：书画手卷前预留空白引纸，用来为作品题签书名。
3.　匠花押：草书签名。
4.　明昌：金章宗完颜璟的年号。北宋灭，宋徽宗书画珍品尽归金国，金章宗也酷爱书画。
5.　买王得羊：东晋书法家羊欣是王献之外甥，书法虽下王献之真迹一等，亦称名家。

上 -〔唐〕韩幹·清溪饮马图

下 -〔唐〕韩幹·圉人呈马图

院画 [1]

宋画院众工，凡作一画，必先呈稿本，然后上真 [2]，所画山水、人物、花木、鸟兽，皆是无名者。今国朝内画水陆 [3] 及佛像亦然，金碧辉灿，亦奇物也。今人见无名人画，辄以形似填写名款，觅高价，如见牛必戴嵩，见马必韩干之类，皆为可笑。

1. 院画：北宋自宣和年代起，宋徽宗设立国家画院，画家精研画技，所作称"院画"，亦称"院体画"。
2. 上真：指在稿本上上墨、上色，正式作画。
3. 水陆：水陆画，佛教超度法会上供奉的宗教绘画。

单条 [1]

宋元古画，断无此式，盖今时俗制，而人绝好之。斋中悬挂，俗气逼人眉睫。即果真迹，亦当减价。

1. 单条：竖长的画轴。

名家

　　书画名家，收藏不可错杂，大者悬挂斋壁，小者则为卷册，置几案间。邃古篆籀[1]，如——

钟（钟繇）	张（张芝）	卫（卫瓘）
索（索靖）	顾（顾恺之）	陆（陆探微）
张（张僧繇）	吴（吴道子）	

及历代不甚著名者，不能具论。

　　书则——

右军（王羲之）　　大令（王献之）　　智永（智永和尚）

虞永兴　　褚河南（褚遂良）　　欧阳率更（欧阳询）

唐玄宗　　怀素（僧人怀素）　　颜鲁公（颜真卿）

柳诚悬（柳公权）　　张长史（张旭）　　李怀琳

宋高宗　　李建中　　二苏（苏轼、苏辙兄弟）

二米（米芾、米友仁父子）　　范文正（范仲淹）

黄鲁直（黄庭坚）　　蔡忠惠　　苏沧浪（苏舜钦）

黄长睿（黄伯思）　　薛道祖　　范文穆（范成大）

张即之　　先信国（文天祥）　　赵吴兴（赵孟頫）

鲜于伯机（鲜于枢）　　康里子山（康里巎巎）

张伯雨（张雨）　　倪元镇（倪瓒）　　俞紫芝

1.　邃古篆籀（zhòu）：年代高古的篆书籀文。籀，春秋战国时流行于秦
　　国的文字，也称大篆。

杨铁崖（杨维桢）　　柯丹丘（柯九思）

袁清容（袁桷）　　危太朴（危素）

我朝（明朝）则——

宋文宪濂（宋濂）　　中书舍人璲（宋璲）

方逊志孝孺（方孝孺）　　宋南宫克（宋克）

沈学士度（沈度）　　俞紫芝和（俞和）

徐武功有贞（徐有贞）　　金元玉琮（金琮）

沈大理粲（沈粲）　　解学士大绅（解缙）

钱文通溥（钱溥）　　桑柳州悦（桑悦）

祝京兆允明（祝允明）　　吴文定宽（吴宽）

先太史讳（文徵明）　　王太学宠（王宠）

李太仆应祯（李应祯）　　王文恪鏊（王鏊）

唐解元寅（唐寅）　　顾尚书璘（顾璘）

丰考功坊（丰坊）　　先两博士讳（先祖文彭、叔祖文嘉）

王吏部穀祥（王穀祥）　　陆文裕深（陆深）

彭孔嘉年（彭年）　　陆尚宝师道（陆师道）

陈方伯鎏（陈鎏）　　蔡孔目羽（蔡羽）

陈山人淳（陈淳）　　张孝廉凤翼（张凤翼）

王徵君穉登（王穉登）　　周山人天球（周天球）

邢侍御侗（邢侗）　　董太史其昌（董其昌）

又如——

陈文东璧（陈璧）　　姜中书立纲（姜立纲）

虽不能洗院气，而亦铮铮有名者。

画则——

王右丞（王维）　李思训父子（李思训、李昭道）

周昉　董北苑（董源）

李营丘（李成）　郭河阳（郭熙）

米南宫（米芾）　宋徽宗（赵佶）　米元晖（米友仁）

崔白　黄筌　居寀（黄居寀）

文与可（文同）　李伯时（李公麟）

郭忠恕　董仲翔（董羽）

苏文忠（苏轼）　苏叔党（苏过）

王晋卿（王诜）　张舜民

扬补之（扬无咎）　扬季衡　陈容

李唐　马远　马逵

夏珪　范宽　关仝

荆浩　李山　赵松雪（赵孟頫）

管仲姬（管道昇）　赵仲穆（赵雍）

赵千里（赵伯驹）　李息斋（李衍）

吴仲圭（吴镇）　钱舜举（钱选）

盛子昭（盛懋）　陈珏

陈仲美（陈琳）　陆天游（陆广）

曹云西（曹知白）　唐子华（唐棣）

王元章（王冕）　高士安

高克恭　王叔明（王蒙）

黄子久（黄公望）　倪元镇（倪瓒）

柯丹丘（柯九思）　方方壶（方从义）

戴文进（戴进）　王孟端（王绂）

夏太常（夏昶）　赵善长（赵原）

陈惟允（陈汝言）　徐幼文（徐贲）

张来仪（张羽）　宋南宫（宋克）

周东村（周臣）　沈贞吉

恒吉（沈恒吉）　沈石田（沈周）

杜东原（杜琼）　刘完庵（刘珏）

先太史（文徵明）　先和州（先叔祖文嘉）

五峰（文伯仁）　唐解元（唐寅）

张梦晋（张灵）　周官　谢时臣

陈道复（陈淳）　仇十洲（仇英）

钱叔宝（钱谷）　陆叔平（陆治）

皆名笔不可缺者。

他非所宜蓄，即有之，亦不当出以示人。又如——

郑颠仙　张复阳（张复）　钟钦礼

蒋三松（蒋松）　张平山（张路）

汪海云（汪肇）

皆画中邪学，尤非所尚。

宋绣 宋刻丝 [1]

宋绣针线细密，设色精妙，光彩射目，山水分远近之趣，楼阁得深邃之体，人物具瞻眺生动之情，花鸟极绰约噞唼[2]之态，不可不蓄一二幅，以备画中一种。

1. 刻丝：一种丝织手工艺，又名缂丝。起源于隋唐，盛于宋，今苏州等地仍有生产。其织品有花纹图案，当空照视，有如刻镂而成，故名。
2. 噞唼（chánshà）：禽鱼啄食的声音。

〔明〕佚名·缂丝花卉册之踯躅

装潢

　　装潢书画，秋为上时，春为中时，夏为下时，暑湿及沍寒[1]，俱不可装裱。勿以熟纸[2]，背必皱起，宜用白滑漫薄大幅生纸。纸缝先避人面及接处，若缝缝相接，则卷舒缓急有损，必令参差其缝，则气力均平。太硬则强急，太薄则失力；绢素彩色重者，不可捣理[3]。古画有积年尘埃，用皂荚清水数宿，托于大平案扦去，画复鲜明，色亦不落。补缀之法，以油纸衬之，直其边际，密其隙[4]缝，正其经纬，就其形制，拾其遗脱，厚薄均调，润洁平稳。又凡书画法帖，不脱落，不宜数装背[5]，一装背，则一损精神。古纸厚者，必不可揭薄[6]。

1.　　沍（hù）寒：天气冰封严寒。
2.　　熟纸：指经砑光、加蜡、施胶等加工过的纸张，书写时不致走墨晕染。
3.　　捣理：绢画装裱完成后，用大鹅卵石在裱背砑光，使之光滑。唐代张彦远《历代名画记》："绢素彩色，不可捣理，纸上白画，可以砧石妥帖之。"
4.　　隙（xì）：同"隙"，空隙。
5.　　装背：画芯从命纸、覆背纸上揭下，重新装裱。
6.　　揭薄：厚宣纸可揭取分为数层。南宋周密《齐东野语》："应古厚纸，不许揭薄，若纸去其半，则损字精神，一如摹本矣。"

法糊 [1]

用瓦盆盛水，以面一斤渗水上，任其浮沉，夏五日，冬十日，以臭为度；后用清水蘸白芨半两、白矾三分，去滓，和元浸面打成，就锅内打成团，另换水煮熟，去水，倾置一器，候冷。日换水浸，临用以汤调开。忌用浓糊及敝帚。

1. 法糊：糨糊。

〔明〕董其昌·山水图册（其一）

装裱定式

上下天地[1]须用皂绫[2]龙凤云鹤等样，不可用团花及葱白、月白二色。二垂带[3]用白绫，阔一寸许。乌丝粗界画[4]二条，玉池[5]白绫亦用前花样。书画小者须刳[6]嵌，用淡月白画绢，上嵌金黄绫条，阔半寸许，盖宣和裱法，用以题识，旁用沉香皮条边。大者四面用白绫，或单用皮条边亦可。参书[7]有旧人题跋，不宜剪削，无题跋则断不可用。画卷有高头者不须嵌，不则亦以细画绢刳嵌。引首须用宋经笺、白宋笺，及宋、元金花笺，或高丽茧纸、日本画纸，俱可。大幅上引首五寸，下引首四寸，小全幅上引首四寸，下引首三寸。上裱[8]除撎竹[9]外净二尺，下裱除轴净一尺五寸。横卷长二尺者，引首阔五寸，前裱阔一尺。余俱以是为率。

1. 天地：画轴上下，分称天、地头。
2. 皂绫：黑色的绫。
3. 垂带：又称"惊燕"，两根贴在天头的垂带，为宣和装定式。
4. 乌丝粗界画：纸绢有画成或织成的直行界线，红色者谓之朱丝栏，黑色者谓之乌丝栏。乌丝粗界画，即黑色粗界线。
5. 玉池：装裱的一种式样，用相隔的镶条框住画芯，不致天头、引首与其紧接在一起。
6. 刳：同"挖"。
7. 参书：或为"诗堂"，画芯两侧一纸，供人题写。
8. 上裱：书轴、画轴上端。
9. 撎（yè）竹：挂轴顶端的挂杆，又称天杆。

褾轴 [1]

古人有镂沉檀为轴身，以果金 [2]、鎏金、白玉、水晶、琥珀、玛脑杂宝为饰，贵重可观，盖白檀香洁去虫，取以为身，最有深意。今既不能如旧制，只以杉木为身，用犀、象、角三种雕如旧式，不可用紫檀、花梨、法蓝 [3] 诸俗制。画卷须出轴。形制既小，不妨以宝玉为之，断不可用平轴 [4]。签 [5] 以犀、玉为之，曾见宋玉签，半嵌锦带内者，最奇。

1. 褾轴：裱轴，画轴。
2. 果金：裹金，包金。
3. 法蓝：珐琅，景泰蓝。
4. 平轴：轴头与画卷齐平者，称为平轴。

5. 签：别住手卷开口的别子。

裱锦 [1]

古有樗蒲 [2] 锦、楼阁锦、紫驼花、鸾章锦、朱雀锦、凤凰锦、走龙锦、翻鸿锦，皆御府中物。有海马锦、龟纹锦、粟地锦、皮球锦，皆宣和绫，及宋绣花鸟、山水，为装池卷首，最古。今所尚落花流水锦 [3]，亦可用；惟不可用宋段及纻 [4] 绢等物。带用锦带，亦有宋织者。

1. 裱锦：裱画所用之锦。锦，有彩色花纹的丝织品。
2. 樗（chū）蒲：樗蒲纹，古代蜀地织物上的一种纹饰，两尾尖削而腹宽广，既不像花，也非禽兽。
3. 落花流水锦：产地为苏州，多以单朵或折枝的梅花或桃花，与水纹装饰于锦上，多用作裱背。
4. 纻：同"苎"，苎麻纤维织成的布。

藏画

以杉、杪木 [1] 为匣，匣内切勿油漆、糊纸，恐惹霉湿。四、五月，先将画幅幅展看，微见日色，收起入匣，去地丈余，庶免霉白。平时张挂，须三五日一易，则不厌观，不惹尘湿。收起时，先拂去两面尘垢，则质地不损。

1. 杪（suō）木：与杉同类，叶尖成丛，穗小，纹理纵横，尤高大。

小画匣

短轴作横面开门匣，画直放入。轴头贴签，标写某书某画，甚便取看。

卷画

须顾边齐，不宜局促，不可太宽。不可着力卷紧，恐急裂绢素。拭抹用软绢细细拂之。不可以手托起画背就观，多致损裂。

湘君

君不行兮夷猶，蹇誰留兮中洲？美要眇兮宜修，沛吾乘兮桂舟。令沅湘兮無波，使江水兮安流。望夫君兮未來，吹參差兮誰思？駕飛龍兮北征，邅吾道兮洞庭。薜荔柏兮蕙綢，蓀橈兮蘭旌。望涔陽兮極浦，橫大江兮揚靈。揚靈兮未極，女嬋媛兮為余太息。橫流涕兮潺湲，隱思君兮陫側。桂櫂兮蘭枻，斲冰兮積雪。采薜荔兮水中，搴芙蓉兮木末。心不同兮媒勞，恩不甚兮輕絕。石瀨兮淺淺，飛龍兮翩翩。交不忠兮怨長，期不信兮告余以不閒。朝騁騖兮江皋，夕弭節兮北渚。鳥次兮屋上，水周兮堂下。捐余玦兮江中，遺余佩兮醴浦。采芳洲兮杜若，將以遺兮下女。時不可兮再得，聊逍遙兮容與。

湘夫人

帝子降兮北渚，目眇眇兮愁予。嫋嫋兮秋風，洞庭波兮木葉下。登白薠兮騁望，與佳期兮夕張。鳥何萃兮蘋中，罾何為兮木上？沅有茝兮醴有蘭，思公子兮未敢言。荒忽兮遠望，觀流水兮潺湲。麋何食兮庭中，蛟何為兮水裔？朝馳余馬兮江皋，夕濟兮西澨。聞佳人兮召予，將騰駕兮偕逝。築室兮水中，葺之兮荷蓋。蓀壁兮紫壇，播芳椒兮成堂。桂棟兮蘭橑，辛夷楣兮藥房。罔薜荔兮為帷，擗蕙櫋兮既張。白玉兮為鎮，疏石蘭兮為芳。芷葺兮荷屋，繚之兮杜衡。合百草兮實庭，建芳馨兮廡門。九嶷繽兮並迎，靈之來兮如雲。捐余袂兮江中，遺余褋兮醴浦。搴汀洲兮杜若，將以遺兮遠者。時不可兮驟得，聊逍遙兮容與。

嘉靖二十年丁丑二月己未停雲館中書

法帖 [1]

历代名家碑刻，当以《淳化阁帖》压卷 [2]，侍书王著勒 [3]，末有篆题者是。

蔡京奉旨摹者，曰《太清楼帖》；

僧希白所摹者，曰《潭帖》；

尚书郎潘思旦所摹者，曰《绛帖》；

王寀辅道守汝州所刻者，曰《汝帖》；

宋许提举刻于临江者，曰《二王帖》；

元祐 [4] 中刻者，曰《秘阁续帖》；

淳熙 [5] 年刻者，曰《修内司本》；

高宗访求遗书于淳熙阁摹刻者，曰《淳熙秘阁续帖》；

后主(南唐后主李煜)命徐铉勒石在淳化之前者，曰《升元帖》；

刘次庄摹《阁帖》除去篆题年月而增入释文者，曰《戏鱼堂帖》；

武冈军重摹《绛帖》，曰《武冈帖》；

上蔡人临摹《绛帖》，曰《蔡州帖》；

---

1. 法帖：摹刻前人法书为帖，乃"法帖"。
2. 压卷：指诗文书画中压倒其他作品的佳作。
3. 勒：摹刻。
4. 元祐：宋哲宗赵煦的第一个年号（1086—1094）。
5. 淳熙：南宋孝宗赵昚（shèn）的第三个，也是最后一个年号（1174—1189）。

赵（曹）彦约于南康所刻，曰《星凤楼帖》；

庐江李氏刻，曰《甲秀堂帖》；

黔人秦世章所刻，曰《黔江帖》；

泉州重摹《阁帖》，曰《泉帖》；

韩平原所刻，曰《群玉堂帖》；

薛绍彭所刻，曰《家塾帖》；

曹之格日新所刻，曰《宝晋斋帖》；

王庭筠所刻，曰《雪溪堂帖》；

周府[6]所刻，曰《东书堂帖》；

吾家所刻，曰《停云馆帖》《小停云帖》；

华氏[7]所刻，曰《真赏斋帖》。皆帖中名刻，摹勒皆精。

又如历代名帖，收藏不可缺者，周、秦、汉则史籀篆石鼓文[8]、坛山石刻，李斯篆泰山、朐（qú）山、峄（yì）山诸碑，《秦誓》（《诅楚文》），章帝（汉章帝）《草书帖》，蔡邕《淳于长夏承碑》《郭有道碑》《九疑山碑》《边韶碑》《宣父碑》《北岳碑》，崔子玉《张平子墓碑》，郭香察隶《西岳华山碑》《周府君碑》。

魏帖则元常《贺捷表》《大飨碑》《荐季直表》《受禅碑》《上尊号碑》《宗圣侯碑》。

---

6. 周府：指明朝周宪王王府。

7. 华氏：明代无锡收藏家、太学生华夏。

8. 史籀篆石鼓文：指周宣王时太史籀所作的古代大篆石鼓文。

133

吴帖则《国山碑》。

晋帖则《兰亭记》《笔阵图》《黄庭经》《圣教序》《乐毅论》《东方朔赞》《洛神赋》《曹娥碑》《告墓文》《摄山寺碑》《裴雄碑》《兴福寺碑》《宣示帖》《平西将军墓铭》《梁思楚碑》，羊祜《岘山碑》，索靖《出师颂》。

宋、齐、梁、陈帖，则宋《文帝神道碑》，齐倪珪《金庭观碑》，梁萧子云章草《出师颂》《茅君碑》《瘗鹤铭》、刘灵《堕泪碑》，陈智永真行二体《千文》、草书《兰亭》。

魏、齐、周帖则有魏刘玄明《华岳碑》、裴思顺《教戒经》，北齐王思诚《八分蒙山碑》《南阳寺隶书碑》《天柱山铭》，后周《大宗伯唐景碑》。

隋帖则有《开皇兰亭》、薛道衡书《尔朱敞碑》《舍利塔铭》《龙藏寺碑》。

唐帖：欧书则《九成宫铭》《房定公墓碑》《化度寺碑》《皇甫君碑》《虞恭公碑》《真书千文小楷》《心经》《梦奠帖》《金兰帖》；

虞书则《夫子庙堂碑》《破邪论》《宝昙塔铭》《阴圣道场碑》《汝南公主铭》《孟法师碑》；

褚书则《乐毅论》《哀册文》《忠臣像赞》《龙马图赞》《临摹兰亭》《临摹圣教》《阴符经》《度人经》；

柳书则《金刚经》《玄秘塔铭》；

颜书则《争坐位帖》《麻姑仙坛记》《二祭文》《家庙碑》《元次山碑》《多宝寺碑》《放生池碑》《射堂记》

《北岳庙碑》《草书千文》《磨崖碑》《干禄字帖》；

怀素书则《自序三种》《草书千文》《圣母帖》《藏真律公二帖》；

李北海书则《阴符经》《娑罗树碑》《曹娥碑》《秦望山碑》《臧怀亮碑》《有道先生叶公碑》《岳麓寺碑》《开元寺碑》《荆门行》《云麾将军碑》《李思训碑》《戒坛碑》；

太宗书《魏徵碑》《屏风帖》；高宗书《李勣碑》；玄宗《一行禅师塔铭》《孝经》《金仙公主碑》；

孙过庭《书谱》；

《延陵季子二碑》；

柳公绰《诸葛庙堂碑》；

李阳冰《篆书千文》《城隍庙碑》《孔子庙碑》；

欧阳通《道因禅师碑》；

薛稷《升仙太子碑》；

张旭《草书千文》；

僧行敦《遗教经》。

南唐则有杨元鼎《紫阳观碑》。

宋则苏、黄（苏轼、黄庭坚）诸公，如《洋州园池》《天马赋》等类。

元则赵松雪（赵孟頫）。

国朝（明代）则二宋（宋克、宋广）诸公，所书佳者，亦当兼收，以供赏鉴，不必太杂。

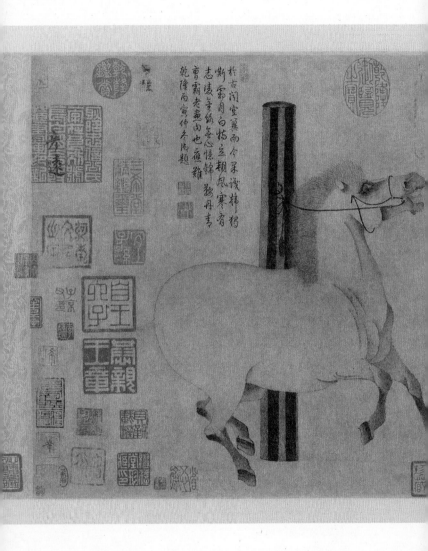

〔唐〕韩幹·照夜白图

韓幹以畫馬擅名千古其毛骨氣相逼意而匠冥會通神
嘗閱張彥遠名畫記云當日供奉馬皆有玉花驄照
夜白每神法以不得一見真蹟爲憾且未卜海藏何所
也世多以黃家寫高巖奇圖爲售者黃蹟固屢見之
而今韓以蜜興夜白些神采飛騰宛颰沸艾名種爲幹
手筆無疑固命驌花之晚以兹孩償凰顧而圖玉得羊
遵逸民後不俏云

乾隆丙寅仲冬月望□□氏甘御識

韓幹照夜白

不知誰向車前讓鹿有人泛憲南竄乍惜黃沙紫
蜜紆匹當字逢獸肥时
以人秋颕伙英畫三句也須得韓幹是圖覺學力变生一頭地幅弈
而質古澗可愛因書於右嘉平敕生先又識

绍興戊午鄷林
向子諲謹
同觀手凝
香閣

古獝翌狱白馬裏泰山
韓絲絡爹雑老沙場些
實寒駿寮頗赠紫良藏
不回鞍興北辇原彩由
束伯樂雞丁丑春月
御題疊前韻

南唐押署所識物
多真岁人吳說

南北纸墨

古之北纸，其纹横，质松而厚，不受墨；北墨，色青而浅，不和油蜡，故色淡而纹皱，谓之"蝉翅拓"。南纸其纹竖，用油蜡，故色纯黑而有浮光，谓之"乌金拓"。

古今帖辨

古帖历年久而裱数多，其墨浓者，坚若生漆，纸面光彩如砑，并无沁墨水迹侵染，且有一种异馨，发自纸墨之外。

装帖

古帖宜以文木薄一分许为板，面上刻碑额卷数，次则用厚纸五分许，以古色锦或青花白地锦为面，不可用绫及杂彩色；更须制匣以藏之，宜少方阔，不可狭长、阔狭不等。以白鹿纸[1]镶边，不可用绢。十册为匣，大小如一式，乃佳。

1. 白鹿纸：产自江西贵溪，以嫩竹制成，稍厚，富有韧性，书画佳纸。

宋板

　　藏书贵宋刻，大都书写肥瘦有则，佳者有欧、柳[1]笔法，纸质匀洁，墨色清润。至于格用单边，字多讳笔[2]，虽辨证之一端，然非考据要诀也。书以班、范二书[3]、《左传》《国语》《老》《庄》《史记》《文选》、诸子为第一，名家诗文、杂记、道释等书次之。纸白板新，绵纸[4]者为上，竹纸活衬[5]者亦可观，糊背批点[6]，不蓄可也。

1.　欧、柳：指唐代书法家欧阳询和柳公权。
2.　讳笔：指文字多因避讳君主、先贤等的名字，而改用他字或缺刻笔画。
3.　班、范二书：代指前、后《汉书》。班固著《汉书》，范晔著《后汉书》。
4.　绵纸：即宣纸。一指桑皮纸。
5.　活衬：古书折页中插入另外的纸作衬里，称"活衬"。
6.　糊背批点：糊背，用纸另行托裱。批点，读者所加的评批圈点。

悬画月令 [1]

　　岁朝[2]，宜宋画福神及古名贤像；元宵前后，宜看灯、
傀儡[3]；正、二月，宜春游、仕女、梅、杏、山茶、玉兰、桃、
李之属；三月三日，宜宋画真武[4]像；清明前后，宜牡丹、
芍药；四月八日[5]，宜宋元人画佛及宋绣佛像；十四，
宜宋画纯阳[6]像；端五，宜真人玉符[7]，及宋元名笔端
阳景、龙舟、艾虎[8]、五毒[9]之类；六月，宜宋元大楼
阁、大幅山水、蒙密树石、大幅云山、采莲、避暑等图；
七夕，宜穿针乞巧、天孙织女、楼阁、芭蕉、仕女等图；
八月，宜古桂或天香、书屋等图；九、十月，宜菊花、
芙蓉、秋江、秋山、枫林等图；十一月，宜雪景、蜡梅、
水仙、醉杨妃[10]等图；十二月，宜钟馗迎福、驱魅、
嫁妹；腊月廿五，宜玉帝、五色云车等图。至如移家，
则有葛仙[11]移居等图；称寿，则有院画寿星、王母等图；
祈晴，则有东君[12]；祈雨，则有古画风雨神龙、春雷
起蛰等图；立春，则有东皇太乙[13]等图，皆随时悬挂，
以见岁时节序。若大幅神图，及杏花、燕子、纸帐梅、
过墙梅、松柏、鹤鹿寿意之类，一落俗套，断不宜悬。
至如宋元小景、枯木竹石、四幅大景，又不当以时序
论也。

1.　悬画月令：挂画时令。

2.　岁朝：农历正月初一。

3. 傀儡：木偶戏。

4. 真武：神话传说中的北方之神玄武大帝，三月三日为其诞生日。

5. 四月八日：旧说阴历四月初八为佛的生日。

6. 纯阳：即吕纯阳，字洞宾，民间传说中的八仙之首，四月十四为其诞生日。

7. 真人玉符：吴地风俗，于端午节挂钟馗、真人玉符。"得天地之道"者谓真人。

8. 艾虎：《荆楚岁时记》："（五月五日）以艾为虎形，或剪彩为小虎，粘艾叶以戴之。"

9. 五毒：《吴趋风土录》："（端午）尼庵剪五色彩笺，状蟾蜍、蜥蜴、蜘蛛、蛇、蚿（一种像蜈蚣的多足虫）之形……谓之'五毒符'。"

10. 醉杨妃：山茶花的一种。

11. 葛仙：晋代道士葛洪。

12. 东君：太阳神，日出东方，故名。

13. 东皇太乙：古代神话中五帝之一，司春之神。

卷
六

几
榻

〔五代·南唐〕顾闳中·韩熙载夜宴图（局部）

古人制几榻，虽长短广狭不齐，置之斋室，必古雅可爱，又坐卧依凭，无不便适。燕衎[1]之暇，以之展经史，阅书画，陈鼎彝，罗肴核[2]，施枕簟，何施不可。今人制作，徒取雕绘文饰，以悦俗眼，而古制荡然[3]，令人慨叹实深。志《几榻[4]第六》。

---

1. 燕衎（kàn）：宴客作乐。燕，同"宴"。衎，安乐自得的样子。《诗经》："君子有酒，嘉宾式燕以衎。"

2. 肴（yáo）核：肉类与果类食品，指菜肴。

3. 荡然：毁坏，消失。

4. 几榻：古人最早席地而坐，几席并称，几为案之小者。几榻并称，泛指室内家具。

榻 [1]

坐高一尺二寸，屏 [2] 高一尺三寸，长七尺有奇 [3]，横一尺五寸，周设木格，中贯湘竹，下座不虚，三面靠背，后背与两傍等，此榻之定式也。有古断纹 [4] 者，有元螺钿 [5] 者，其制自然古雅。忌有四足 [6]，或为螳螂腿，下承以板 [7]，则可。近有大理石镶者，有退光 [8] 朱黑漆中刻竹树以粉填者，有新螺钿 [9] 者，大非雅器。他如花楠 [10]、紫檀 [11]、乌木 [12]、花梨 [13]，照旧式制成，俱可用。一改长大诸式，虽曰美观，俱落俗套。更见元制榻，有长一丈五尺，阔二尺余，上无屏者，盖古人连床夜卧，以足抵足，其制亦古，然今却不适用。

1. 榻：近地，长狭而卑者曰榻。多用来随时休憩。
2. 屏：围屏。
3. 奇：余数，零数。
4. 古断纹：古漆器年久产生的微细纹路。
5. 螺钿（diàn）：用海洋贝壳制作器物的一种装饰工艺。元代螺钿工艺日趋成熟，薄至毫厘。
6. 四足：较早的辽金时期，有一种四足形带栏杆床，床腿为四足，两侧有长木柱，元代后为栏杆较高四足床，亦为四足，前有踏脚。
7. 螳螂腿，下承以板：螳螂腿，家具腿内收又向外翻出，腿细而长，形似螳螂。下承以板，腿足不直接着地，另有横木或木框在下承托。
8. 退光：一种漆工艺。先以光漆刷上，干透后，用砖灰或瓷灰，以老羊皮蘸芝麻油，沾灰，按光反复擦之。
9. 新螺钿：或指较厚的"硬螺钿"。
10. 花楠：又名刨花楠、竹叶楠，常绿乔木，花纹美丽，结构细密。与下

144

文紫檀、乌木、花梨，皆属上等木料，可做精致贵重家具。

11. 紫檀：产于印度南部、东南部，常绿乔木，有金星、牛毛纹，木质坚实，紫红色，能沉于水。

12. 乌木：产于热带地区，常绿乔木，木质坚重致密，黑色。

13. 花梨：黄花梨，木质坚实，纹理细密。

短榻

高尺许，长四尺，置之佛堂、书斋，可以习静坐禅，谈玄挥麈，更便斜倚，俗名"弥勒榻"。

〔宋〕佚名·槐荫消夏图

145

几 [1]

　　以怪树天生屈曲若环若带之半者为之，横生三足，出自天然，摩弄滑泽，置之榻上或蒲团，可倚手顿颡 [2]，又见图画中有古人架足而卧者，制亦奇古。

1.　几：此处之几，特指一种小的隐几，供坐时倚靠。
2.　倚手顿颡（sǎng）：以手支额之意。颡，额头。

禅椅

　　以天台藤 [1] 为之，或得古树根，如虬龙诘曲臃肿，槎枒 [2] 四出，可挂瓢、笠及数珠、瓶钵 [3] 等器。更须莹滑如玉，不露斧斤 [4] 者为佳。近见有以五色芝 [5] 粘其上者，颇为添足。

1.　天台藤：浙江天台山所出之藤。晚明文人喜用天然竹木之奇巧者，匠心取舍，随形随势，巧为几案、如意、挂杖、文具等，意趣平淡天真。
2.　槎枒（cháyā）：分枝。
3.　瓶钵（bō）：僧人出行所带的食具。瓶盛水，钵盛饭。
4.　斧斤：过分雕琢。
5.　五色芝：五色灵芝。

天然几 [1]

以文木如花梨、铁梨 [2]、香楠 [3] 等木为之；第以阔大为贵，长不可过八尺，厚不可过五寸，飞角 [4] 处不可太尖，须平圆，乃古式。照倭几 [5] 下有拖尾 [6] 者，更奇。不可用四足如书桌式，或以古树根承之，不则用木。如台面阔厚者，空其中 [7]，略雕云头、如意之类，不可雕龙凤、花草诸俗式。近时所制，狭而长者，最可厌。

1. 天然几：用来陈设案头清供、鼎彝瓶花的翘头几。
2. 铁梨：又名铁力木，常绿乔木，其材珍贵、木质坚密。
3. 香楠：一名端正树，干极端伟，色黄质腻，隐起花纹，剖之，香辣扑鼻。
4. 飞角：翘头案面两端上翘的部分。
5. 倭几：日本式几。倭，古代称日本为倭，称日本人为"倭人"。
6. 拖尾：香几腿足的装饰花叶，呈"拖尾"状。
7. "台面"句：阔大厚重的天然几面板，铲挖底面中间，略加掏空。此种做法，减轻大案重量的同时，又保留了看面的厚度。

书桌

中心取阔大，四周镶边，阔仅半寸许，足稍矮而细，则其制自古。凡狭长、混角 [1] 诸俗式，俱不可用，漆者尤俗。

1. 混角：圆角。

壁桌 [1]

　　长短不拘，但不可过阔。飞云起角 [2]、螳螂足诸式，俱可供佛。或用大理及祁阳石镶者，出旧制，亦可。

1.　壁桌：靠壁以备供佛、陈设之桌，多为条桌、条案。
2.　飞云起角：指在桌案四角雕刻云纹作为装饰。

　〔明〕仇英·汉宫春晓图卷（局部）

方桌

旧漆者最多，须取极方大古朴、列坐可十数人者，以供展玩书画。若近制八仙[1]等式，仅可供宴集，非雅器也。燕几[2]别有谱图[3]。

1.　八仙：八仙桌。方桌每边可坐两人的，称为"八仙桌"。方桌每边坐一人的，称为"四仙桌"。
2.　燕几："燕"同"宴"。唐代创制，用于宴请宾客的几案，可随宾客人数多少而任意分合。
3.　谱图：宋代黄伯思编撰《燕几图》，介绍条桌、几案的组合使用方法。明人戈汕有《蝶几谱》，在《燕几图》基础上，设计出更为复杂多变的拼合方案。

台几[1]

倭人所制，种类大小不一，俱极古雅精丽，有镀金镶四角者，有嵌金银片者，有暗花者，价俱甚贵。近时仿旧式为之，亦有佳者，以置尊彝之属，最古。若红漆狭小三角诸式，俱不可用。

1.　台几：放在桌案上的小几，置放香炉、文玩。

椅

椅之制最多。曾见元螺钿椅，大可容二人，其制最古；乌木镶大理石者，最称贵重，然亦须照古式为之。总之，宜矮不宜高，宜阔不宜狭，其折叠单靠[1]、吴江[2]竹椅、专诸[3]禅椅诸俗式，断不可用。踏足处[4]须以竹镶之，庶历久不坏。

1. 折叠单靠：可折叠的、没有扶手的靠背椅。
2. 吴江：吴江县，明代隶属苏州府。
3. 专诸：专诸为春秋时吴国刺客，苏州有专诸巷。
4. 踏足处：椅腿下有四根长木条，正面木条，可踏脚，称踏脚枨。

杌[1]

杌有二式，方者四面平[2]等，长者亦可容二人并坐，圆杌须大，四足彭出[3]。古亦有螺钿、朱黑漆者。竹杌及绦环[4]诸俗式，不可用。

1. 杌（wù）：小凳，没有靠背的坐具。
2. 四面平：家具正、侧、前、后在视觉上都是平面，简约空灵，是经典明式家具造型。
3. 四足彭出：明式家具在束腰以下，腿子和牙子都向外凸出。
4. 绦（tāo）环：圆杌凳的腿部做成绦环缠绕式样，用藤竹扎编制作，也有木质。

〔北宋〕赵佶·文会图

凳 [1]

凳亦用狭边厢 [2] 者为雅，以川柏 [3] 为心 [4]，以乌木厢之，最古。不则竟用杂木，黑漆者，亦可用。

1. 凳：狭长的无靠背坐具。
2. 厢：同"镶"。
3. 川柏：柏木，四川盛产柏木，故名"川柏"。
4. 心：中央，中心。

交床 [1]

即古胡床之式。两脚有嵌银、银铰钉 [2] 圆木 [3] 者，携以山游，或舟中用之，最便。金漆折叠者，俗不堪用。

1. 交床：交椅，古代一种可折叠的轻便坐具，最早称胡床。
2. 嵌银、银铰钉：交椅的扶手、前后椅腿、靠背、搭脑、脚踏等部件连为一体，在转折处榫头和卯眼均辅以金属构件，以加强牢度。交椅在坐具中等级较高，接榫处包镶金银饰，以增强美观及凸显使用者身份。
3. 圆木：交椅的腿足、扶手等一般均用圆形木料。

橱

藏书橱须可容万卷，愈阔愈古，惟深仅可容一册。即阔至丈余，门必用二扇，不可用四及六。小橱以有座者为雅，四足者差俗，即用足，亦必高尺余，下用橱殿[1]，仅宜二尺，不则两橱叠置矣。橱殿以空如一架者为雅。小橱有方二尺余者，以置古铜玉小器为宜。大者用杉木为之，可辟蠹[2]。小者以湘妃竹及豆瓣楠、赤水[3]、椤[4]为古。黑漆断纹者为甲品，杂木亦俱可用，但式贵去俗耳。铰钉忌用白铜，以紫铜照旧式，两头尖如梭子，不用钉钉者[5]为佳。竹橱及小木直楞[6]，一则市肆中物，一则药室中物，俱不可用。小者有内府填漆[7]，有日本所制，皆奇品也。经橱用朱漆，式稍方，以经册多长耳。

1.　橱殿：橱下的座架。
2.　蠹（dù）：蛀虫。
3.　赤水：赤水木。木色赤，纹理细密。
4.　椤：椤木。出自湖广及江西南安万羊山，木色白，纹理黄，花纹粗，谓之倭椤。不花者多。有一等稍坚，理直而细，谓之草椤。
5.　不用钉钉者：指铜钉饰在家具面板内，家具外观看不到铜钉，是更考究的做法。
6.　直楞：又称"直棂"，仿照古代窗棂式样做成的竖格。
7.　内府填漆：明代宫廷制作的填漆器物。在剔刻漆地后填入色漆多次，并推磨使表面平滑，再在锦地上作嵌金或银的花纹，以色漆填平。

〔南宋〕刘松年·山馆读书图

架

书架有大小二式，大者高七尺余，阔倍之，上设十二格，每格仅可容书十册，以便检取，下格不可置书，以近地卑湿故也，足亦当稍高；小者可置几上，二格平头方木。竹架及朱黑漆者，俱不堪用。

佛厨 佛桌

用朱黑漆，须极华整，而无脂粉气，有内府雕花者，有古漆断纹者，有日本制者，俱自然古雅。近有以断纹器凑成者[1]，若制作不俗，亦自可用；若新漆八角委角[2]，及建窑佛像[3]，断不可用也。

---

1. 断纹器凑成者：指用古断纹漆器重新制作，欺谓古物者。
2. 八角委角：方形器物四个直角改为小斜边，成八角形，谓之八角委角。盘、盒等器常见。
3. 建窑佛像：福建德化窑所产之佛造像，色白，温润如象牙。晚明时期的德化白瓷，即"白建"，色泽润白，最为精美，所制佛像尤佳。

床

以宋元断纹小漆床为第一，次则内府所制独眠床，又次则小木[1]出高手匠作者，亦自可用。永嘉、粤东[2]有折叠者，舟中携置亦便。若竹床及飘檐[3]、拔步、彩漆、卍字、回纹等式，俱俗。近有以柏木琢细如竹者[4]，甚精，宜闺阁及小斋中。

1. 小木：苏州旧时木工分大木、小木两种。大木承建房屋，小木制作家具、器物。
2. 永嘉、粤东：永嘉，今浙江永嘉。粤东，今广东东部地区。
3. 飘檐：床顶下四面挂檐。有挂檐的一般为架子床。
4. 如竹者：家具构件刻竹节纹，来模仿自然物象。

箱

倭箱黑漆嵌金银片，大者盈尺，其铰钉锁钥，俱奇巧绝伦，以置古玉重器，或晋、唐小卷，最宜。又有一种差大，式亦古雅，作方胜、璎珞[1]等花者，其轻如纸，亦可置卷轴、香药[2]、杂玩，斋中宜多畜以备用。又有一种古断纹者，上圆下方，乃古人经厢，以置佛坐间，亦不俗。

1. 璎珞：瓔珞，类似花环的珠玉缀成的颈项饰品。
2. 香药：以香料制成的药物。

屏 [1]

屏风之制最古 [2]，以大理石镶，下座精细者为贵，次则祁阳石，又次则花蕊石 [3]。不得旧者，亦须仿旧式为之。若纸糊 [4] 及围屏 [5]、木屏 [6]，俱不入品。

1. 屏：屏风，一般与几榻家具配合使用。此处专指带底座的座屏。
2. 屏风之制最古：西周早期就已开始用屏风，《礼记》载"天子设斧扆于户牖之间"，斧扆，即古制屏风，以木为框绘有斧纹，象征帝王权力。
3. 花蕊石：又称花乳石，产自陕、川一带。
4. 纸糊：屏心糊以素纸，称纸屏或素屏，样式与座屏类似。
5. 围屏：可以折叠的屏风，无座，陈设时可摆成曲形。
6. 木屏：以木材做屏心的屏风。

脚凳 [1]

以木制滚凳 [2]，长二尺，阔六寸，高如常式，中分一铛，内二空，中车圆木二根，两头留轴转动，以脚踹轴，滚动往来，盖涌泉穴精气所生，以运动为妙。竹踏凳方而大者，亦可用。古琴砖 [3] 有狭小者，夏月用作踏凳，甚凉。

1. 脚凳：脚踏。宋、元以来，常随椅子、交杌、交椅等存在。
2. 滚凳：脚踏的一种，可摩擦脚心、活络经络。
3. 古琴砖：用来搁放古琴的一种古代长砖，中空，令琴声清远。

〔五代·南唐〕顾闳中·韩熙载夜宴图（局部）

卷七　器具

〔明〕仇英・汉宫春晓图卷（局部）

古人制器尚用，不惜所费，故制作极备，非若后人苟且[1]，上至钟、鼎、刀、剑、盘、匜[2]之属，下至隃糜[3]、侧理[4]，皆以精良为乐，匪[5]徒铭金石、尚款识[6]而已。今人见闻不广，又习见时世所尚，遂致雅俗莫辨。更有专事绚丽[7]，目不识古，轩窗几案，毫无韵物，而侈言陈设，未之敢轻许也。志《器具第七》。

1. 苟且：马虎，敷衍。
2. 匜（yí）：盛水洗手的用具。
3. 隃糜（yúmí）：本为古县名，在今陕西宝鸡千阳县东。隃糜以产墨著称，后世因此代指墨或墨迹。
4. 侧理：侧理纸，即苔纸。其理纵横斜侧，故名。中国最早的一种名纸。
5. 匪：非，不。
6. 款识：古代钟鼎彝器上铸刻的文字。
7. 绚丽：文饰华美。

香鑪 [1]

　　三代、秦、汉鼎彝，及官、哥、定窑，龙泉、宣窑，皆以备赏鉴，非日用所宜。惟宣铜彝鑪 [2] 稍大者，最为适用；宋姜铸 [3] 亦可，惟不可用神鑪太乙 [4]，及鎏金、白铜、双鱼 [5]、象鬲 [6] 之类。尤忌者云间潘铜 [7]、胡铜 [8] 所铸八吉祥、倭景、百钉 [9] 诸俗式，及新制建窑、五色花窑等鑪。又古青绿博山 [10] 亦可间用。木鼎可置山中，石鼎惟以供佛，余俱不入品。古人鼎彝，俱有底盖，今人以木为之，乌木者最上，紫檀、花梨俱可，忌菱花、葵花诸俗式。鑪顶以宋玉帽顶 [11] 及角端、海兽诸样，随炉大小配之，玛瑙、水晶之属，旧者亦可用。

1.　鑪（lú）：香炉。
2.　宣铜彝鑪：明宣德时所铸铜质的彝炉。
3.　宋姜铸：宋疑作"元"，元代时，杭城姜娘子所铸之炉，名擅当时。
4.　神鑪太乙：神炉，道教的炼丹炉，又称"太乙神炉"。
5.　双鱼：香炉两耳似鱼形，敞口，宣德炉中一款。
6.　象鬲（lì）：也叫"象足鬲炉"。鬲，鼎属，三足，似象首垂鼻。
7.　云间潘铜：云间，今上海松江。潘铜，潘氏所制铜器。此匠初为浙人，被虏入倭，习倭之技，后以倭败还家，打造如真倭物一样。
8.　胡铜：明代万历年间，松江铸铜名匠胡文明所铸铜器。
9.　八吉祥、倭景、百钉：八吉祥，又称"八宝纹"，分别为宝伞、双鱼、宝瓶、莲花、法螺、盘长结、宝幢、法轮。倭景，日本风景。百钉，炉面如缀钉凸起状，类似古代乳钉纹。
10.　博山：博山炉，汉代出现的一种铜质或陶质香熏器具，有盖而尖，呈山形，周边铸有仙山景物，其间雕飞禽走兽，象征传说中的海上仙山。
　11.　帽顶：明人多用束发之冠、帽顶改作香炉盖顶。

香合[1]

　　宋剔合[2]色如珊瑚者为上，古有一剑环、二花草、三人物[3]之说。又有五色漆胎，刻法深浅，随妆露色，如红花绿叶、黄心黑石者次之。有倭盒[4]三子、五子者，有倭撞[5]金银片[6]者。有果园厂[7]大小二种底盖，各置一厂，花色不等，故以一合为贵。有内府填漆合，俱可用。小者有定窑、饶窑[8]蔗段、串铃二式，余不入品。尤忌描金[9]及书金字，徽人剔漆并磁合[10]，即宣、成、嘉、隆等窑[11]，俱不可用。

1.　香合：香盒。合，通"盒"。
2.　剔合：剔漆香盒。剔漆，又称刻漆、雕漆，在胎体上层层涂漆，少则几十层，多则上百层，然后漆上雕刻花纹。宋代多金、银胎，明代还有锡、木胎，漆色有红、黄、绿、黑等。
3.　一剑环、二花草、三人物：指雕刻的花纹。
4.　倭盒：日本所产、挂在腰间的小盒，制作精巧。明代输入中国，当时多作香盒、药盒使用。下文"子"，即盒内的小格之意。
5.　倭撞：即日本式提盒，有多层的，可携游。江南称一层为"一撞"。
6.　金银片：日本莳绘漆器工艺。以金、银屑加入漆液中，干后做推光处理，罩漆研磨，显出金银色泽，极尽华贵。
7.　果园厂：明成祖朱棣迁都北京后，"御用监"在皇城内设置御用漆器作坊果园厂。
8.　饶窑：江西景德镇窑。景德镇旧属饶州府，故又有"饶窑"之称。
9.　描金：一名泥金画漆，即纯金花纹也。
10.　徽人剔漆并磁合：徽州出产的剔漆香盒和瓷香盒。
11.　宣、成、嘉、隆等窑：指明代宣德、成化、嘉靖、隆庆等年间官窑所制的香盒。

隔火 [1]

　　鑪中不可断火，即不焚香，使其长温，方有意趣，且灰燥易燃，谓之"活灰"。隔火，砂片 [2] 第一，定片 [3] 次之，玉片又次之，金银不可用。以火浣布 [4] 如钱大者，银镶四围，供用尤妙。

1.　隔火：香炉隔火用具，避免炭火与香木直接接触，薄片状。有香品放　　在薄银片隔火上熏烤，香气自然舒缓，没有烟燥之气。
2.　砂片：隔火之物。宋代陈敬《香谱》："京师烧破砂锅底，用以磨　　片，厚半分，隔火焚香，绝妙。"
3.　定片：定窑瓷片。
4.　火浣（huàn）布：石棉布，遇火不燃。

匙箸 [1]

　　紫铜者佳，云间胡文明及南都 [2] 白铜者亦可用；忌用金银，及长大、填花 [3] 诸式。

1.　匙箸（chízhù）：香匙，一般以铜制成，舀取香粉、香料。箸，俗称　　"筷"，用来夹取香料、香丸。
2.　南都：南京。
164　3.　填花：将金银细丝镶嵌在器物表面，作为纹饰。

箸瓶[1]

官、哥、定窑者虽佳，不宜日用；吴中近制短颈细孔者，插箸下重不仆[2]。铜者不入品。

1. 箸瓶：香瓶，用来插放香匙、香箸。"炉盒瓶三式"即香炉、香盒、香瓶配套使用。
2. 下重不仆：指瓶身下部较重，插香箸不容易向前倒。

〔清〕孙璜·仕女图册（其一）

〔明〕陈洪绶·斜倚薰笼图

袖鑪 [1]

熏衣 [2] 炙手，袖鑪最不可少。以倭制漏空罩盖漆
鼓为上，新制轻重方圆二式 [3]，俱俗制也。

1. 袖鑪：小的手炉，中置炭火，冬日用来暖手，炉盖镂刻花鸟或吉祥图
   案，网眼有刻花。晚明袖炉制作名家有张鸣岐、王凤江等。
2. 熏衣：汉代已出现熏衣风俗，南北朝士大夫多好以香熏衣。当时熏
   衣，使用熏炉和罩在外面的提笼。
3. 轻重方圆二式：指轻重不等、方圆两种式样的袖鑪。

手鑪

以古铜青绿大盆及簠簋 [1] 之属为之。宣铜兽头三
脚鼓鑪亦可用，惟不可用黄白铜及紫檀、花梨等架。
脚鑪旧铸有俯仰莲坐 [2] 细钱纹者，有形如匣者，最雅。
被鑪有香球 [3] 等式，俱俗，竟废不用。

1. 簠簋（fǔguǐ）：盛放黍稷稻粱的青铜礼器。
2. 俯仰莲坐：两组莲瓣纹相对而设的底座，即俯仰莲纹，最早为佛教石
   须弥座装饰，后广泛用作陈设器物底座纹饰。
3. 香球：又称熏球，最早出现于唐代，圆球状。燃香置被中，火不覆
   灭。外玲珑而香烟四出。

167

香筒 [1]

旧者有李文甫 [2] 所制，中雕花鸟竹石，略以古简为贵。若太涉脂粉，或雕镂故事人物，便称俗品，亦不必置怀袖间。

1. 香筒：燃点线香之器，长直筒形，上有平顶盖，下有扁平的承座，外壁饰镂空花样，筒内有一枚小插管插稳线香。
2. 李文甫：李耀，字文甫，明嘉靖年间人，金陵派竹刻名家。

笔格 [1]

笔格虽为古制，然既用研山，如灵璧、英石，峰峦起伏，不露斧凿者为之，此式可废。古玉有山形者，有旧玉子母猫，长六七寸，白玉为母，余取玉玷或纯黄纯黑玳瑁 [2] 之类为子者；古铜有鎏金双螭挽格 [3]，有十二峰为格，有单螭起伏为格；窑器有白定三山、五山及卧花哇 [4] 者，俱藏以供玩，不必置几研间。俗子有以老树根枝，蟠曲万状，或为龙形，爪牙俱备者，此俱最忌，不可用。

1. 笔格：搁笔之具，即笔架。
2. 玳瑁：海龟科动物。其甲壳是名贵的有机宝石，可作装饰品。
3. 鎏金双螭挽格：饰金双螭缠绕成格。鎏金，以金泥附于器物表面。
4. "白定三山"句：呈三峰、五峰及卧姿暗花娃娃状的白色定窑瓷器。

168

红叶题情付御沟　当时叮嘱向西流
无端东下人间去　却使君王不信愁

唐寅

〔明〕唐寅·红叶题诗仕女图

笔床

笔床之制，世不多见，有古鎏金者，长六七寸，高寸二分，阔二寸余，上可卧笔四矢[1]，然形如一架，最不美观，即旧式，可废也。

1. 矢（shǐ）：支。

笔屏 [1]

镶以插笔，亦不雅观，有宋内制[2]方圆玉花版[3]，有大理旧石、方不盈尺者，置几案间，亦为可厌，竟废此式可也。

1. 笔屏：笔插与砚屏结合之物，早于笔筒出现，流行时间较短，在明代万历前后。
2. 宋内制：宋代内府所制。
3. 玉花版：指雕花的玉板，为古代腰带上的玉饰件。

笔筒

湘竹、栟榈者佳,毛竹以古铜镶者为雅,紫檀、乌木、花梨亦间可用,忌八棱、菱花式。陶者有古白定竹节者,最贵,然艰得大者;青冬磁[1]细花及宣窑者,俱可用。又有鼓样,中有孔插笔及墨者,虽旧物,亦不雅观。

1. 青冬磁:又称"冬青磁",北宋汴梁民窑东窑烧制的瓷器,表面有细纹,明清时景德镇曾仿烧。

笔船[1]

紫檀、乌木细镶竹篾者可用,惟不可以牙、玉为之。

1. 笔船:俗称笔盘,画乌(朱)丝栏线的工具之一,与画尺(界方)配套并用。

笔洗 [1]

玉者有钵盂洗、长方洗、玉环洗。古铜者有古鎏金小洗，有青绿小盂，有小釜 [2]、小卮 [3]、匜，此五物原非笔洗，今用作洗最佳。陶者有官、哥葵花洗、磬口洗、四卷荷叶洗、卷口蔗段洗，龙泉有双鱼洗、菊花洗、百折洗，定窑有三箍洗、梅花洗、方池洗，宣窑有鱼藻洗、葵瓣洗、磬口洗、鼓样洗，俱可用。忌绦环 [4] 及青白相间诸式。又有中盏作洗，边盘作笔觇 [5] 者，此不可用。

1. 笔洗：洗笔之器，多为盂、钵形状。
2. 釜：古代的炊器，敛口圆底，或有两耳。其用于鬲，置于灶，上置甑以蒸煮。
3. 卮（zhī）：古代的盛酒器，圆形。
4. 绦环：丝绳缠绕状。
5. 笔觇（chān）：又称笔舐。调墨之浓淡、理顺笔毫用的小碟。

笔觇

定窑、龙泉小浅碟，俱佳；水晶、琉璃诸式，俱不雅；有玉碾片叶为之者，尤俗。

水中丞[1]

　　铜性猛，贮水久则有毒，易脆笔，故必以陶者为佳。古铜入土岁久，与窑器同，惟宣铜则断不可用。玉者有元口瓮，腹大仅如拳，古人不知何用，今以盛水，最佳。古铜者有小尊、罍、小甑[2]之属，俱可用。陶者有官、哥瓮肚小口钵、盂诸式。近有陆子冈[3]所制兽面锦地与古尊罍同者，虽佳器，然不入品。

1. 水中丞：水丞，供磨墨用的盛水器。
2. 尊、罍（léi）、小甑（zèng）：尊，古代大型酒器，圈足，圆腹或方腹，长颈敞口，盛行于商代至西周时期。罍，古代盛酒容器，饰有云雷纹，小口广肩，深腹圈足，有盖。甑，古代蒸饭的一种炊器。
3. 陆子冈：苏州人，明代琢玉名家。名闻朝野，称"吴中绝技"。

水注 [1]

古铜玉俱有辟邪 [2]、蟾蜍、天鸡、天鹿、半身鸬鹚杓 [3]、鏒金雁壶 [4] 诸式，滴子一合 [5] 者为佳。有铜铸眠牛，以牧童骑牛作注管者，最俗。大抵铸为人形，即非雅器。又有犀牛、天禄 [6]、龟、龙、天马口衔小盂者，皆古人注油点灯，非水滴也。陶者有官、哥、白定，方、圆、立瓜、卧瓜、双桃、莲房、蒂叶茄壶诸式。宣窑有五采桃注、石榴、双瓜、双鸳诸式，俱不如铜者为雅。

1. 水注：又名砚滴，把水滴进砚台的文具。
2. 辟邪：古代神话中的神兽，似鹿，尾长，有两角，可除群凶。
3. 鸬鹚（lúcí）杓：唐代的一种酒勺，柄首似鸟头，如鸬鹚之形。
4. 鏒金雁壶：以两足立地，口中出水者。
5. 合：古代市制容量单位，十合为一升。
6. 天禄：传说中的神兽，与辟邪类似而独角，能避邪祓除不祥。

〔明〕项元汴·历代名瓷图谱·明宣窑积红双柿水注

糊斗 [1]

有古铜有盖小提卣 [2]，大如拳，上有提梁索股者；
有瓮肚如小酒杯式，乘方座者；有三箍长桶、下有三足；
姜铸回文小方斗，俱可用。陶者，有定窑蒜蒲 [3] 长罐，
哥窑方斗如斛 [4]，中置一梁者，然不如铜者便于出洗。

1. 糊斗：盛贮糨糊的容器。
2. 提卣（yǒu）：古代青铜酒器，深腹，圈足，有盖和提梁。提梁，即器
   物两耳之间的横把。
3. 蒜蒲：若古素温壶，口如蒜榔式者，俗云蒜蒲瓶。
4. 斛（hú）：斛斗，粮食量器名。十斗为一斛。

〔明〕项元汴·历代名瓷图谱·宋龙泉窑四鹿提梁卣

蜡斗 [1]

古人以蜡代糊，故缄封必用蜡斗熨之。今虽不用蜡，亦可收以充玩，大者亦可作水杓 [2]。

1. 蜡斗：用来蜡封的器物，铜质，勺状。
2. 水杓：汉代铜蜡斗，为带柄勺形，故"可作水杓"使用。

镇纸 [1]

玉者有古玉兔、玉牛、玉马、玉鹿、玉羊、玉蟾蜍、蹲虎、辟邪、子母螭诸式，最古雅。铜者有青绿虾蟆、蹲虎、蹲螭、眠犬、鎏金辟邪、卧马、龟、龙，亦可用。其玛瑙、水晶，官、哥、定窑，俱非雅器。宣铜马、牛、猫、犬、狻猊 [2] 之属，亦有绝佳者。

1. 镇纸：重压纸张或书籍的文房用具。与今人认为"镇纸"多为压尺状的印象不同，这里的镇纸均为兽形圆雕，如古代席镇的遗制。
2. 狻猊（suānní）：传说中的神兽，形如狮子，喜烟好坐，多出现在香具上，吞烟吐雾。

压尺 [1]

以紫檀、乌木为之，上用旧玉瓅 [2] 为纽，俗所称"昭文带"是也。有倭人鏒金双桃银叶为纽，虽极工致，亦非雅物。又有中透一窍，内藏刀锥之属者，尤为俗制。

1. 压尺：压纸用的一种尺状文具。
2. 玉瓅（zhì）：玉质剑鼻，穿系于腰带上，可将宝剑固定于腰间。古剑"玉具剑"一般有四件，剑瓅外还有剑格、剑首和剑珌。

秘阁 [1]

以长样古玉瓅为之，最雅。不则倭人所造黑漆秘阁如古玉圭者，质轻如纸，最妙。紫檀雕花及竹雕花巧人物者，俱不可用。

1. 秘阁：臂搁。书写时用来搁放手臂的用具，防墨迹沾污。

贝光 [1]

古以贝螺为之，今得水晶、玛瑙，古玉物中，有可代者，更雅。

1. 贝光：贝壳所制，用来砑光纸张，故称为"贝光"。

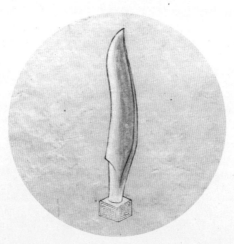

〔宋〕龙大渊等·古玉图谱·古玉仙桃贝光 / 古玉刀笔裁尺

裁刀

　　有古刀笔，青绿裹身，上尖下圆，长仅尺许，古人杀青[1]为书，故用此物，今仅可供玩，非利用也。日本番夷有绝小者，锋甚利，刀靶俱用瘑犀木[2]，取其不染肥腻，最佳。滇中鏒金银者亦可用；溧阳、昆山[3]二种，俱入恶道，而陆小拙[4]为尤甚矣。

1.　杀青：古时书写竹简，为防虫蛀须先用火烤干水分，叫"杀青"。后泛指编定著作。
2.　瘑犀木：出西番，其木一半紫褐色，内有蟹爪纹，一半纯黑色，如乌木。明代瘑犀木珍贵，纹理细腻，传世罕见。
3.　溧阳、昆山：溧阳，今江苏溧阳。昆山，今江苏昆山。
4.　陆小拙：晚明昆山人，又名陆小掘，善造佩刀闻名。

剪刀

　　有宾铁[1]剪刀，外面起花镀金，内嵌回回字[2]者，制作极巧。倭制折叠者，亦可用。

1.　宾铁：精炼之铁，又称"镔铁"。
2.　回回字：明代对波斯文和阿拉伯文的统称。

179

灯

闽中珠灯第一，玳瑁、琥珀、鱼魫[1]次之，羊皮灯[2]名手如赵虎所画者，亦当多蓄。料丝[3]出滇中者最胜，丹阳所制有横光，不甚雅。至如山东珠、麦[4]、柴、梅、李、花草、百鸟、百兽、夹纱[5]、墨纱等制，俱不入品。灯样以四方如屏，中穿花鸟，清雅如画者为佳，人物、楼阁仅可于羊皮屏上用之，他如蒸笼圈、水精球、双层、三层者，俱最俗。篾丝者虽极精工华绚，终为酸气。曾见元时布灯，最奇，亦非时尚也。

1. 鱼魫（shěn）：又作"鱼枕"，一种海鱼脑骨，可制器。后世鱼枕灯是另一种灯，也称"羊角灯"，是用羊角熬胶制成透光薄片扎制成的彩灯。
2. 羊皮灯：在竹木骨架外裱糊羊皮，羊皮雕镂有五色妆染，如同皮影。
3. 料丝：以玛瑙、紫石英等为主要原料煮浆抽丝制成的灯具。
4. 麦：麦灯。取麦秆缋丝成灯。
5. 夹纱：以刻纸刻成花竹鸟禽之状，用轻绡夹之，乃为夹纱灯。

书灯

有古铜驼灯、羊灯、龟灯、诸葛灯，俱可供玩而不适用。有青绿铜荷一片檠[1]，架花朵于上，古人取金莲之意，今用以为灯，最雅。定窑三台、宣窑二台者，俱不堪用。锡者取旧制，古朴矮小者为佳。

1. 檠（qíng）：灯架。荷叶覆于灯盘上，美观之外兼具调光、遮火功能。

禅灯

　　高丽者[1]佳，有月灯，其光白莹如初月；有日灯，
得火内照，一室皆红，小者尤可爱。高丽有颒[2]仰莲、
三足铜鑪，原以置此，今不可得，别作小架架之。不
可制如角灯之式。

1.　高丽者：高丽，今朝鲜。高丽产禅灯，用琉璃石冶炼而成。
2.　颒：同"俯"。

镜

　　秦陀[1]、黑漆古[2]光背质厚无文者为上，水银古[3]花背者次之。有如钱小镜，满背青绿，嵌金银五岳图者，可供携具。菱角、八角、有柄方镜，俗不可用。轩辕镜其形如球，卧榻前悬挂，取以辟邪，然非旧式。

1.　秦陀："秦图"，为秦代有图形的古镜。
2.　黑漆古：传世、出土的古铜器长期氧化、锈蚀，外观黑色如漆。
3.　水银古：古代青铜器表面呈银白色或黑色发亮的水银色，称水银古。

钩

　　古铜腰束绦钩[1]，有金、银、碧[2]填嵌者，有片金银者，有用兽为肚者，皆三代物也；有羊头钩、螳螂捕蝉钩鏒金者，皆秦汉物也。斋中多设，以备悬壁挂画及拂尘、羽扇等用，最雅。自寸以至盈尺，皆可用。

1.　绦钩：束腰丝带的钩。
2.　碧：非指碧玉、翡翠，而是取其碧色。带钩传世实物，实多为绿松石所制。

束腰 ¹

汉钩、汉玦仅二寸余者，用以束腰，甚便；稍大，
则便入玩器，不可日用。绦用沉香²、真紫³，余俱非所宜。

1. 束腰：腰带。
2. 沉香：沉香色，青赤色。
3. 真紫：深紫色。

香橼盘

有古铜青绿盘，有官、哥、定窑，青冬磁、龙泉大盘，有宣德暗花白盘，苏麻尼青[1]盘，朱砂红盘，以置香橼，皆可。此种出时，山斋最不可少。然一盘四头，既板且套，或以大盘置二三十，尤俗，不如觅旧朱雕茶橐[2]架一头，以供清玩，或得旧磁盘长样者，置二头于几案间，亦可。

1. 苏麻尼青：中国早期青花瓷器使用的釉下青料，又称"苏勃泥青"。
2. 茶橐（tuó）：茶托盘。

如意[1]

古人用以指挥向往，或防不测，故炼铁为之，非直美观而已。得旧铁如意，上有金银错，或隐或见，古色蒙然者，最佳。至如天生树枝、竹鞭等制，皆废物也。

1. 如意：器物名。柄端作手指形，用来瘙痒，可如人意，故名。近代如意柄端多作芝形、云形等，以供赏玩。讲僧所持如意，柄端作云叶状，记经文，以备遗忘。

麈 [1]

古人用以清谈，今若对客挥麈，便见之欲呕矣。然斋中悬挂壁上，以备一种。有旧玉柄者，其拂以白尾及青丝为之，雅。若天生竹鞭、万岁藤，虽玲珑透漏，俱不可用。

1. 麈：麋鹿，俗称"四不像"。古人以麈尾制拂尘，故谓拂尘为"麈尾"，或略称"麈"。

钱

钱之为式甚多，详具《钱谱》。有金嵌青绿刀钱，可为签 [1]，如《博古图》[2] 等书，成大套者用之。鹅眼 [3] 货布 [4]，可挂杖头。

1. 签：书签。
2. 《博古图》：宋徽宗敕撰，王黼编纂《宣和博古图》，宋代金文古器物图录。
3. 鹅眼：鹅眼钱，东汉末年至六朝间所出的一种货币。
4. 货布：汉王莽发行的货币，形似锄铲。

瓢

得小匾葫芦，大不过四五寸，而小者半之，以水磨其中，布擦其外，光彩莹洁，水湿不变，尘污不染，用以悬挂杖头及树根禅椅之上，俱可。更有二瓢并生者，有可为冠[1]者，俱雅。其长腰、鹭鸶、曲项[2]，俱不可用。

---

1. 为冠：明代男子蓄发戴冠，冠簪有金、玉、竹、木等制。
2. 长腰、鹭鸶（lùsī）、曲项：皆异形葫芦。

钵

取深山巨竹根，车旋为钵，上刻铭字或梵书，或五岳图，填以石青，光洁可爱。

花瓶

古铜入土年久，受土气深，以之养花，花色鲜明，不特古色可玩而已。铜器可插花者，曰尊，曰罍，曰觚[1]，曰壶，随花大小用之。磁器用官、哥、定窑，古胆瓶[2]、一枝瓶[3]、小蓍草瓶[4]、纸槌瓶[5]，余如暗花、青花、茄袋、葫芦、细口匾肚瘦足药坛，及新铸铜瓶、建窑等瓶，俱不入清供。尤不可用者，鹅颈壁瓶也。古铜汉方瓶，龙泉、均州瓶，有极大高二三尺者，以插古梅，最相称。瓶中俱用锡作替管盛水，可免破裂之患。大都瓶宁瘦，无过壮，宁大，无过小，高可一尺五寸，低不过一尺，乃佳。

1. 觚：商代、西周的一种青铜酒器。
2. 胆瓶：颈长腹大，形如悬胆的花瓶。
3. 一枝瓶：又称细花一枝瓶，口小，仅能插花一枝，为书室中妙品。
4. 蓍（shi）草瓶：明代对琼式瓶的别称。
5. 纸槌瓶：形如造纸打浆时所用槌具而得名，为宋代瓷瓶经典造型，恬静内敛，釉色素净。

187

钟磬 [1]

不可对设，得古铜秦、汉镈钟 [2]、编钟 [3] 及古灵璧石磬声清韵远者，悬之斋室，击以清耳。磬有旧玉者，股三寸，长尺余，仅可供玩。

1. 钟磬：古代打击乐器。钟，中空，撞击时发声。磬，以石或玉做成，形如曲尺，夹角称为"倨句"。倨句两侧，较长的一边为"鼓"，较短的一边为"股"。
2. 镈（bó）钟：古乐器名。镈，如钟而大者。
3. 编钟：中国商周时期祭祀、宴享用的编组乐钟，形制随着音阶高低而不同。

杖

鸠杖最古，盖老人多"咽"，鸠能治"咽"故也。有三代立鸠、飞鸠杖头，周身金银填嵌者，饰于方竹、筇竹[1]、万岁藤之上，最古。杖须长七尺余，摩弄滑泽，乃佳。天台藤更有自然屈曲者，一作龙头诸式，断不可用。

1.　筇（qióng）竹：罗汉竹，是西南地区特有竹种。

坐墩

冬月用蒲草为之，高一尺二寸，四面编束，细密坚实，内用木车坐板以柱托顶，外用锦饰。暑月可置藤墩。宫中有绣墩，形如小鼓，四角垂流苏者，亦精雅可用。

坐团

蒲团大径三尺者，席地快甚。棕团[1]亦佳。山中欲远湿辟虫，以雄黄[2]熬蜡作蜡布团，亦雅。

1. 棕团：棕丝制成的圆形坐垫。
2. 雄黄：中药名。别名石黄、黄石。为含硫化砷的矿石。

数珠

以金刚子[1]小而花细者为贵，以宋做玉降魔杵[2]、玉五供养[3]为记总[4]；他如人顶[5]、龙充[6]、珠玉、玛瑙、琥珀、金珀、水晶、珊瑚、砗磲[7]者，俱俗；沉香、伽南香[8]者则可；尤忌杭州小菩提子及灌香[9]于内者。

1. 金刚子：即菩提子。
2. 降魔杵：佛教法器，形如手杖，用以降伏魔怨。
3. 五供养：佛家语，指涂香、供花、烧香、饭食、灯明五种供养物。
4. 记总：记念，念珠中的配件，用来计数。
5. 人顶：人顶骨。
6. 龙充：时有龙充造者，称是龙鼻骨磨成，色黑，嗅之微有腥香。
7. 砗磲（chēqú）：海洋贝类，软体动物。壳大而厚，可制饰品。
8. 伽南香：又名"奇南香""棋楠"，最上等的沉香。
9. 灌香：以檀香打入菩提子中，着眼引绳，谓之灌香子。

190

番经

　　常见番僧佩经，或皮袋，或漆匣，大方三寸，厚寸许，匣外两傍有耳系绳佩服，中有经文，更有贝叶金书[1]、彩画天魔变相[2]，精巧细密，断非中华所及，此皆方物，可贮佛室，与数珠同携。

1.　贝叶金书：泥金书于贝叶上的经文。贝树叶可裁为纸，以书写佛经。
2.　变相：佛教画术语。依照佛经所说，绘成具体图相。

〔元〕佚名·说经图（局部）

扇 扇坠

羽扇最古,然得古团扇雕漆柄为之乃佳。他如竹篾、纸糊、竹根、紫檀柄者,俱俗。又今之折叠扇,古称"聚头扇",乃日本所进,彼中今尚有绝佳者,展之盈尺,合之仅两指许,所画多作仕女乘车、跨马、踏青、拾翠之状,又以金银屑饰地面及作星汉人物,粗有形似,其所染青绿奇甚,专以空青、海绿[1]为之,真奇物也。川中蜀府制以进御,有金铰藤骨、面薄如轻绡[2]者,最为贵重;内府别有彩画五毒、百鹤鹿、百福寿等式,差俗,然亦华绚可观;徽、杭亦有稍轻雅者;姑苏最重书画扇,其骨以白竹、棕竹、乌木、紫白檀、湘妃、眉绿[3]等为之,间有用牙及玳瑁者,有员头[4]、直根、绦环、结子、板板花诸式,素白金面,购求名笔图写,佳者价绝高。其匠作则有李昭、李赞、马勋、蒋三、柳玉台、沈少楼[5]诸人,皆高手也。纸敝墨渝,不堪怀袖,别装卷册以供玩,相沿既久,习以成风,至称为姑苏人事,然实俗制,不如川扇适用耳。扇坠,夏月用伽楠、沉香为之,汉玉小玦及琥珀眼掠[6]皆可,香串、缅茄[7]之属,断不可用。

---

1. 空青、海绿:空青,青色矿物质颜料。海绿,疑即石绿颜料。

2. 绡:轻薄透明的丝织物。

3. 眉绿:又作"梅鹿""梅禄",与湘妃竹类似。

4. 员头：即"圆头"，扇头造型，扇骨在聚头处即从扇钉为轴心成一圆状，有的成一球状，其圆而光亮如同和尚的光头，俗称"和尚头"。

5. 李昭、李赞、马勋、蒋三、柳玉台、沈少楼：李昭，人称荷叶李，金陵人，流寓苏州，明成化、弘治年间在世。制作尖根扇骨最精良，坚厚而无洼窿，挥之纯然，惯作"瓜子十三骨"；

   李赞，明中期金陵人，善制折扇，扇骨雕花，与李昭、蒋诚三人齐名；

   马勋，苏州人，明成化、弘治年间在世。精于棕竹，所制单根圆头扇骨，开合自如，称一时名手；

   蒋三，蒋诚，行三，号苏台。苏州人，明嘉靖间在世。兼善直根，一柄至值三四金，时称"扇妖"；

   柳玉台，一作刘玉台，苏州人，明万历间在世。所制扇骨，手削如风，聚竹秤之，轻重正等，不差杪毫，因擅制方形扇头，有"柳方头"之称；

   沈少楼，苏州人，明万历间在世。善仿马勋，技艺精湛，索价扇骨每支价一金，与柳玉台齐名。

6. 眼掠：小如铜钱的单片眼镜，也可望远。明人方以智《通雅》："今西洋有千里镜，磨玻璃为之，以长筒窥之，可见数十里。又制小者于扇角，近视者可使窥远。"此与文震亨"眼掠"系于扇头作坠之说正合。

7. 缅茄：枝叶皆类家茄，结实似荔枝核而有蒂。种子可雕刻作图章。

〔明〕沈周·扇面画

枕

有"书枕"，用纸三大卷，状如碗，品字相叠，束缚成枕。有"旧窑枕"，长二尺五寸，阔六寸者，可用。长一尺者，谓之"尸枕"，乃古墓中物，不可用也。

簟

茭蔁出满喇伽国[1]，生于海之洲渚岸边，叶性柔软，织为"细簟"，冬月用之，愈觉温暖，夏则蕲州[2]之竹簟最佳。

---

1. 满喇伽国：明人张燮撰《东西洋考》："麻六甲，即满剌加也。"
2. 蕲（qí）州：时湖广黄州府蕲州，即古蕲春县，有竹，名"蕲竹"。竹簟，其节平，人睡则凉而不生痕，夏用极佳。

琴

琴为古乐，虽不能操，亦须壁悬一床。以古琴历年既久，漆光退尽，纹如梅花，黯如乌木，弹之声不沉者为贵。琴轸[1]，犀角、象牙者雅。以蚌珠为徽[2]，不贵金玉。弦用白色柘丝[3]，古人虽有朱弦清越等语，不如素质[4]有天然之妙。唐有雷文、张越，宋有施木舟，元有朱致远，国朝有惠祥、高腾、祝海鹤及樊氏、路氏，皆造琴高手也。挂琴不可近风露日色。琴囊须以旧锦为之。轸上不可用红绿流苏。抱琴勿横。夏月弹琴，但宜早晚，午则汗易污，且太燥，脆弦。

1. 琴轸（zhěn）：古琴上调弦的小柱。
2. 徽：琴徽，古琴面板上琴弦音位的标志。
3. 柘丝：由柘桑养的蚕所吐之丝。柘，树名，又名"黄桑"。
4. 素质：白色质地。

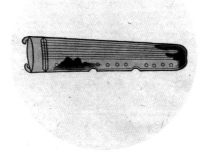

〔宋〕龙大渊等·古玉图谱·古玉大琴

琴台 [1]

　　以河南郑州所造古郭公砖 [2] 上有方胜及象眼花者，
以作琴台，取其中空发响，然此实宜置盆景及古石；
当更制一小几，长过琴一尺，高二尺八寸，阔容三琴
者为雅。坐用胡床，两手更便运动；须比他坐稍高，
则手不费力。更有紫檀为边，以锡为池，水晶为面者，
于台中置水蓄鱼藻，实俗制也。

1.　琴台：即驾琴之琴桌。
2.　郭公砖：相传郭公砖出河南郑州泥土中，砖长五尺，阔一尺，灰白
　　色，中空，面上有象眼形之花纹。驾琴抚之有清声，泠泠可爱。

〔元〕王振鹏·伯牙鼓琴图

研 [1]

研以端溪 [2] 为上，出广东肇庆府，有新旧坑、上下岩之辨，石色深紫，衬手而润，叩之清远，有重晕青绿小鹦鹆眼者为贵；其次色赤，呵之乃润；更有纹慢而大者，乃"西坑石"，不甚贵也。又有天生石子，温润如玉，摩之无声，发墨 [3] 而不坏笔，真稀世之珍。有无眼而佳者，若白端、青绿端，非眼不辨。黑端出湖广辰、沅二州，亦有小眼，但石质粗燥，非端石也。更有一种出婺源歙山龙尾溪，亦有新旧二坑，南唐时开，至北宋已取尽，故旧砚非宋者，皆此石。石有金银星，及罗纹、刷丝、眉子，青黑者尤贵。溆溪石出湖广常德、辰州二界，石色淡青，内深紫，有金线及黄脉，俗所谓"紫袍金带"者是。洮溪研出陕西临洮府河中，石绿色，润如玉。衢研出衢州开化县，有极大者，色黑。熟铁研出青州。古瓦研出相州。澄泥研出虢州。研之样制不一，宋时进御有玉台、凤池、玉环、玉堂诸式，今所称"贡研"，世绝重之。以高七寸、阔四寸、下可容一拳者为贵，不知此特进奉一种，其制最俗。余所见宣和旧砚有绝大者，有小八棱者，皆古雅浑朴，别有圆池、东坡、瓢形、斧形、端明诸式，皆可用。葫芦样稍俗；至如雕镂二十八宿、鸟、兽、龟、龙、天马，及以眼为七星形，剥落研质，嵌古铜玉器于中，皆入恶道。研须日涤，去其积墨败水，则墨光莹泽，惟研池边斑驳墨迹，久浸不浮者，名曰"墨锈"，不可磨去。砚，用则贮水，毕则干之。涤砚用莲房壳，去垢起滞，又不伤研。大忌滚水磨墨，茶酒俱不可，尤不宜令顽童持洗。研匣宜用紫黑二漆，不可用五金，盖金能燥石。至如紫檀、乌木及雕红、彩漆，俱俗，不可用。

1. 研：砚台，磨墨用，多为砖石材质。
2. 端溪：今广东高要，出砚石，世称"端砚"。
3. 发墨：谓砚石磨墨易浓而显出光泽。此非墨能如是，乃砚使之然也。故砚以发墨为上，色次之。

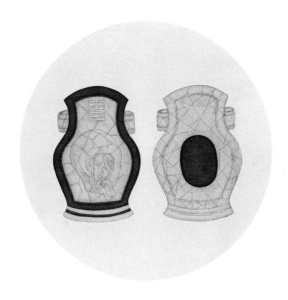

〔明〕项元汴·历代名瓷图谱·宋官窑太平有象砚

笔

尖、齐、圆、健，笔之四德，盖毫坚则尖，毫多则齐，用苘[1]贴衬得法，则毫束而圆，用纯毫附以香狸[2]、角水[3]得法，则用久而健，此制笔之诀也。古有金银管、象管、玳瑁管、玻璃管、镂金、绿沈[4]管，近有紫檀、雕花诸管，俱俗不可用，惟斑管最雅，不则竟用白竹[5]。寻丈书笔[6]，以木为管，亦俗，当以筇竹为之，盖竹细而节大，易于把握。笔头式，须如尖笋；细腰、葫芦诸样，仅可作小书，然亦时制也。画笔，杭州者佳。古人用笔洗，盖书后即涤[7]去滞墨，毫坚不脱，可耐久。笔败则瘗之，故云"败笔成冢"，非虚语也。

1. 苘（qíng）：苘麻，俗称"青麻"，笔毫衬垫材料。苘麻耐腐蚀，吸墨较多而吐墨均匀。但因工艺繁复，近代已很少使用。
2. 香狸：灵猫毫，制笔毫料之一。
3. 角水：胶水。
4. 绿沈：也作"绿沉"，浓绿色。
5. 白竹：以箬竹所制的普通笔杆。箬竹叶缘略有枯白色。
6. 寻丈书笔：斗笔，一种书写匾额大字的笔。
7. 涤：清洗。

墨

墨之妙用，质取其轻，烟取其清，嗅之无香，摩之无声，若晋、唐、宋、元书画，皆传数百年，墨色如漆，神气完好，此佳墨之效也。故用墨必择精品，且日置几案间，即样制亦须近雅，如朝官、魁星、宝瓶、墨玦诸式，即佳，亦不可用。宣德墨最精，几与宣和内府所制同，当蓄以供玩，或以临摹古书画，盖胶色已退尽，惟存墨光耳。唐以奚廷珪[1]为第一，张遇[2]第二。廷珪至赐国姓，今其墨几与珍宝同价。

---

1. 奚廷珪：一名李廷珪，南唐至宋初制墨家，所制佳墨得到南唐后主李煜赏识。
2. 张遇：五代至宋初制墨家，以制油烟供御墨名于世。

纸

古人杀青为书，后乃用纸。北纸用横帘造，其纹横，其质松而厚，谓之"侧理"；南纸用竖帘，二王真迹，多是此纸。唐人有硬黄纸[1]，以黄蘗[2]染成，取其辟蠹。蜀妓薛涛[3]为纸，名"十色小笺"，又名"蜀笺"。宋有澄心堂纸[4]，有黄白经笺，可揭开用；有碧云春树、龙凤、团花、金花等笺；有匹纸，长三丈至五丈；有彩色粉笺及藤白、鹄白、蚕茧等纸。元有彩色粉笺、蜡笺、黄笺、花笺、罗纹笺，皆出绍兴；有白箓[5]、观音、清江等纸，皆出江西。山斋俱当多蓄以备用。国朝连七、观音、奏本、榜纸[6]，俱不佳，惟大内用细密洒金五色粉笺，坚厚如板，面硒光如白玉，有印金花五色笺，有青纸如段素，俱可宝。近吴中洒金纸、松江谭笺[7]，俱不耐久，泾县[8]连四[9]最佳。高丽别有一种，以绵茧造成，色白如绫，坚韧如帛，用以书写，发墨可爱，此中国所无，亦奇品也。

1. 硬黄纸：黄纸，在本色纸上刷以黄蘗树汁，纸呈黄色，能防蛀。
2. 黄蘗（niè）：又名黄柏，落叶乔木，芸香科，树皮中含多种生物碱，造纸可以避蠹。
3. 薛涛：唐代名妓，曾与元稹、白居易、杜牧、刘禹锡等人唱和，居成都浣花溪。
4. 澄心堂纸：南唐时李后主李煜命人以池纸和歙纸加工而成，专供御用的笺纸。

5. 白箓：又称"白鹿纸"，有碧、黄、白三品，白者莹泽光净可爱，且坚韧胜江西之纸。

6. 连七、观音、奏本、榜纸：连七纸，明代一种大幅公文用纸；观音纸，江西"官纸局"所造一种竹纸；奏本纸，明代江西竹纸，多用于书写奏本，故名；榜纸，旧时科举发榜、官府告示之用纸。

7. 谭笺：明代松江府上海县谭姓家所制的一种笺纸，亦称"松江谭笺""谭仲和笺"。

8. 泾县：今安徽泾县。

9. 连四：一种长幅纸，用楮皮和竹丝混合双料制造，绵白坚厚，有黄、白两种。

剑

今无剑客，故世少名剑，即铸剑之法亦不传。古剑铜铁互用，陶弘景[1]《刀剑录》所载有"屈之如钩，纵之直如弦，铿然有声者"，皆目所未见。近时莫如倭奴所铸，青光射人。曾见古铜剑，青绿四裹者，蓄之，亦可爱玩。

1. 陶弘景：南朝著名的医药家、炼丹家、文学家。陶弘景深得梁武帝信任，隐居山中常得以过问朝政，称"山中宰相"。

印章

　　以青田石[1]莹洁如玉，照之灿若灯辉[2]者为雅；然古人实不重此，五金、牙、玉、水晶、木、石皆可为之，惟陶印则断不可用，即官、哥、青冬等窑，皆非雅器也。古鎏金、镀金、细错金银、商金、青绿、金、玉、玛瑙等印，篆刻精古，纽式奇巧者，皆当多蓄，以供赏鉴。印池以官、哥窑方者为贵，定窑及八角、委角者次之。青花白地、有盖、长样俱俗。近做周身连盖滚螭白玉印池，虽工致绝伦，然不入品。所见有三代玉方池，内外土锈血侵[3]，不知何用，今以为印池，甚古，然不宜日用，仅可备文具一种。图书匣以豆瓣楠、赤水、椤为之，方样套盖，不则退光素漆者亦可用，他如剔漆、填漆、紫檀镶嵌古玉及毛竹、攒竹者，俱不雅观。

1. 青田石：产于浙江青田方山的一种石料，色彩丰富，其中叶蜡石尤其适于篆刻图章。
2. 灿若灯辉：青田石章中著名的一种，称"灯光冻"，微黄，半透明，纯净细腻、温润柔和，光照下灿若灯辉，故名。
3. 土锈血侵：《遵生八笺》："至若古玉，存遗传世者少，出土者多，土锈尸侵，似难伪造。古之玉物，上有血侵，色红如血，有黑锈如漆，做法典雅，摩弄圆滑，谓之尸古。如玉物上蔽黄土，笼罩浮翳，坚不可破，谓之土古。"

文具

　　文具虽时尚，然出古名匠手，亦有绝佳者，以豆瓣楠、瘿木及赤水、栌为雅，他如紫檀、花梨等木，皆俗。三格一替[1]，替中置小端砚一，笔觇一，书册一，小砚山一，宣德墨一，倭漆[2]墨匣一。首格置玉秘阁一，古玉或铜镇纸一，宾铁古刀大小各一，古玉柄棕帚一，笔船一，高丽笔[3]二枝；次格，古铜水盂一，糊斗、蜡斗各一，古铜水杓一，青绿鎏金小洗一；下格稍高，置小宣铜彝鑪一，宋剔合[4]一，倭漆小撞[5]、白定或五色定小合各一，矮小花尊或小觯[6]一，图书匣一，中藏古玉印池、古玉印、鎏金印绝佳者数方，倭漆小梳匣一，中置玳瑁小梳及古玉盘、匜等器，古犀、玉小杯二；他如古玩中有精雅者，皆可入之，以供玩赏。

1.　三格一替：格，一层称为一格。替，抽屉。

2.　倭漆：日本描金、洒金的莳绘漆器。明代漆工善仿日本漆器，以杨埙最为著名。

3.　高丽笔：《鸡林志》："高丽笔，芦管黄毫，健而易乏，旧云猩猩毛笔。或言是物四足长尾，善缘木，盖狄毛，或鼠须之类耳。"

4.　宋剔合：宋代剔漆香盒。

5.　倭漆小撞：日本漆提盒。

6.　觯（zhì）：古代酒器，形似尊而小，或有盖。

〔明〕文徵明·真赏斋图（局部）

梳具

　　以瘿木为之，或日本所制；其缠丝[1]、竹丝、螺钿、雕漆、紫檀等，俱不可用。中置玟瑁梳、玉剔帚[2]、玉缸[3]、玉合[4]之类，即非秦、汉间物，亦以稍旧者为佳。若使新俗诸式阑入，便非韵士所宜用矣。

1.　缠丝：红白相间的玛瑙。
2.　玉剔帚：玉制剔帚，用以剔除梳上的积垢。
3.　玉缸：贮发油的玉制小型缸式器物。
4.　玉合：玉盒。

〔北宋〕苏汉臣·妆靓仕女图

海论铜玉雕刻窑器

三代秦汉人制玉，古雅不凡，即如子母螭、卧蚕纹、双钩碾法，宛转流动，细入毫发。涉世既久，土锈血侵最多，惟翡翠色、水银色，为铜侵者，特一二见耳。玉以红如鸡冠者为最；黄如蒸栗[1]、白如截肪[2]者次之；黑如点漆、青如新柳、绿如铺绒者又次之。今所尚翠色，通明如水晶者，古人号为"碧"，非玉也。玉器中圭璧最贵；鼎彝、觚尊、杯注、环玦次之；钩束、镇纸、玉瓯、充耳、刚卯、瑱珈、玢璎、印章之类又次之；琴剑觿佩、扇坠又次之。

铜器：鼎、彝、觚、尊、敦、鬲最贵；匜、卣、罍、觯次之；簋、簠、钟、注、歃血盆、奁、花囊之属又次之。三代之辨，商则质素无文，周则雕篆细密，夏则嵌金银，细巧如发。款识少者一二字，多则二三十字，甚或二三百字者，定周末、先秦时器。篆文，夏用鸟迹，商用虫鱼，周用大篆，秦以大小篆，汉以小篆。三代用阴款，秦汉用阳款，间有凹入者，或用刀刻如镌碑，亦有无款者，盖民间之器，无功可纪，不可遽谓非古也。有谓铜气入土久，土气湿蒸，郁而成青；入水久，水气卤浸，润而成绿；然亦不尽然，第铜气清莹不杂，易发青绿耳！铜色，褐色不如朱砂，朱砂不如绿，绿

---

1. 蒸栗：蒸熟的栗肉色。
2. 截肪：切开的脂肪，形容颜色和质地白润。

不如青，青不如水银，水银不如黑漆，黑漆最易伪造，余谓必以青绿为上。伪造有冷冲者，有屑凑者[3]，有烧斑者[4]，皆易辨也。

窑器 柴窑最贵，世不一见，闻其制青如天，明如镜，薄如纸，声如磬，未知然否。官、哥、汝窑以粉青色为上，淡白次之，油灰最下。纹，取冰裂、鳝血、铁足为上，梅花片、墨纹次之，细碎纹最下。官窑隐纹如蟹爪，哥窑隐纹如鱼子。定窑以白色而加以泑水如泪痕者佳，紫色、黑色俱不贵。均州窑色如胭脂者为上，青若葱翠、紫若墨色者次之，杂色者不贵。龙泉窑甚厚，不易茅蔑[5]，第工匠稍拙，不甚古雅。宣窑冰裂、鳝血纹者，与官、哥同，隐纹如橘皮，红花、青花者，俱鲜彩夺目，堆垛可爱；又有元烧"枢府"字号，亦有可取。至于永乐细款青花杯，成化五彩葡萄杯及纯白、薄如琉璃者，今皆极贵，实不甚雅。

雕刻精妙者，以宋为贵，俗子辄论金银胎，最为可笑，盖其妙处在刀法圆熟，藏锋不露，用朱极鲜，漆坚厚而无龟裂，所刻山水、楼阁、人物、鸟兽，皆俨若图画，为佳绝耳！元时张成、杨茂[6]二家，亦以

---

3. 冷冲、屑凑：皆是古铜修补技法。铜器损伤处，用铅补冷焊，以法蜡填饰，点缀颜色，调抹山黄泥，而作出土状。

4. 烧斑：对古铜高温灼烧、染色获得斑驳之色。

5. 茅蔑：窑器损伤。行语，即茆蔑，以折损曰"蔑"，损失少许曰"茆"。

6. 张成、杨茂：张成，浙江嘉兴西塘人，元代漆雕名手，所作剔红漆器，雕刻深峻，刀法圆浑而无锋芒，闻名于世。杨茂与张成是同时、同地人，所制剔红，亦闻名于时。

此技擅名一时。国朝果园厂所制，刀法视宋尚隔一筹，然亦精细。至于雕刻器皿，宋以詹成[7]为首，国朝则夏白眼[8]擅名，宣庙绝赏之。吴中如贺四[9]、李文甫、陆子冈，皆后来继出高手；第所刻必以白玉、琥珀、水晶、玛瑙等为佳器，若一涉竹木，便非所贵。至于雕刻果核，虽极人工之巧，终是恶道。

7. 詹成：南宋高宗赵构时的名匠，所作雕刻，精妙无比。
8. 夏白眼：明宣德年间人，能在乌榄核上雕刻十六个孩儿。
9. 贺四：明代北京人，木雕刻家，善雕刻器皿和各种精巧小品。

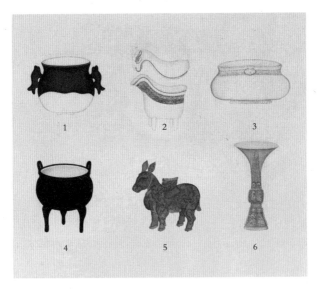

〔明〕项元汴·历代名瓷图谱

1. 明宣窑积红朱霞映雪鱼耳彝炉　　2. 明宣窑青花文姬匜
3. 宋定窑仿古兽面雷文彝　　　　　4. 宋紫定窑仿古蝉文鼎
5. 宋龙泉窑牺尊　　　　　　　　　6. 宋汝窑蕉叶雷文觚

211

卷八　衣饰

〔唐〕张萱·捣练图（摹本 局部）

衣冠制度，必与时宜，吾侪既不能披鹑带索[1]，又不当缀玉垂珠。要须夏葛、冬裘[2]，被服娴雅，居城市有儒者之风，入山林有隐逸之象。若徒染五采，饰文缋[3]，与铜山金穴[4]之子，侈靡斗丽，亦岂诗人粲粲衣服[5]之旨乎？至于蝉冠[6]朱衣，方心曲领，玉佩朱履之为汉服也；幞头[7]大袍之为隋服也；纱帽圆领之为唐服也；襜帽襕衫，申衣幅巾[8]之为宋服也；巾环襟领[9]，帽子系腰之为金元服也；方巾团领之为国朝服也，皆历代之制，非所敢轻议也。志《衣饰第八》。

1. 披鹑（chún）带索：披缀补旧衣，以草绳为带，比喻敝衣旧裳。鹑，鸟名，因其秃尾像用破碎布丁缀成的衣服，故古人形容破烂之衣为"鹑衣"。

2. 夏葛（gé）、冬裘：泛指四季衣服。葛，多年生草本植物，其纤维可织布制衣。裘，皮衣。

3. 文缋（huì）：花纹图案。

4. 铜山金穴：比喻极其富有。汉文帝宠臣邓通赐有铜矿，富甲天下。

5. 粲（càn）粲衣服：典出《诗经》，形容鲜明华贵的衣服。

6. 蝉冠：汉代侍从官员所戴之冠，上有蝉饰。后也泛指高官。

7. 幞（fú）头：源于北周的一种头巾，又名"折上巾"，有两根垂带，以纱绢制成。

8. 申衣幅巾：申衣，即深衣，上下衣裳相连包住身子，宽袍大袖，"被体深邃"；幅巾，男子头巾，又称巾帻。汉代起至宋、明时期流行的一种巾式，以帛巾束首，余幅自然垂肩，姿态潇逸。幅巾多为士大夫日常之服，以为风雅。

9. 巾环襟（zhuàn）领：巾环，巾上所系之环；襟领，即滚领。

213

道服 [1]

制如申衣，以白布为之，四边延以缁色 [2] 布，或用茶褐为袍，缘以皂布 [3]。有月衣，铺地如月，披之则如鹤氅 [4]。二者用以坐禅策蹇 [5]，披雪避寒，俱不可少。

1. 道服：明代士人流行的宽大便服。朱舜水《谈绮》："道服，尺寸法度各从其人，肥瘦长短而别无定制。"
2. 缁（zī）色：即黑色。
3. 皂布：即黑布。
4. 鹤氅（chǎng）：用鸟羽制成的外衣，美称鹤氅，指道服。
5. 策蹇（jiǎn）：骑跛足马或驴。蹇，指跛脚的牲畜。

禅衣 [1]

以洒海剌 [2] 为之，俗名"琐哈剌"，盖番语不易辨也。其形似胡羊毛片缕缕下垂，紧厚如毡，其用耐久，来自西域，闻彼中亦甚贵。

1. 禅衣：无衬里的单层衣服。
2. 洒海剌（là）：西域所产的一种绒毛织物。《新增格古要论》："阔三尺许，紧厚如毡。西番亦贵。"《事物考》记，明代陕、甘等地也有出产类似毛毡织物，但织物并不紧厚，价格较低。

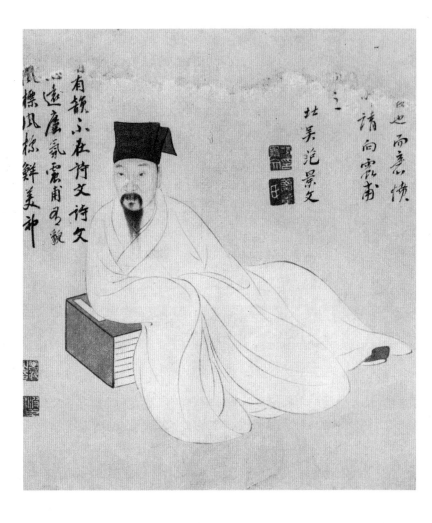

〔明〕曾鲸·葛震甫像

被

　　以五色氆氇[1]为之，亦出西蕃，阔仅尺许，与琐哈剌相类，但不紧厚；次用山东茧绸[2]，最耐久，其落花流水、紫、白等锦，皆以美观，不甚雅。以真紫花布为大被，严寒用之，有画百蝶于上，称为"蝶梦"者，亦俗。古人用芦花为被，今却无此制。

1. 氆氇（pǔ·lu）：西域所产羊毛织物。
2. 茧绸：由柞蚕丝织成的绸，也称"土绸"或"府绸"，产地主要在山东青州。

褥

　　京师有折叠卧褥，形如围屏，展之盈丈，收之仅二尺许，厚三四寸，以锦为之，中实以灯心[1]，最雅。其椅榻等褥，皆用古锦为之。锦既敝[2]，可以装潢卷册。

1. 灯心：指灯心草，多年生草本植物，茎髓可作油灯灯心，故名。
2. 敝：破旧，破烂。

绒单 [1]

出陕西、甘肃，红者色如珊瑚，然非幽斋所宜；本色者最雅，冬月可以代席。狐腋 [2]、貂褥不易得，此亦可当温柔乡矣。毡者不堪用，青毡用以衬书大字。

1.　绒单：绒布织成的毯子，有时作为地毯使用。
2.　狐腋：狐腋下的毛皮。

帐

冬月以茧绸或紫花厚布为之，纸帐 [1] 与绸绢等帐俱俗，锦帐、帛帐俱闺阁中物；夏月以蕉布 [2] 为之，然不易得。吴中青撬纱 [3] 及花手巾 [4] 制帐亦可。有以画绢为之，有写山水墨梅于上者，此皆欲雅反俗。更有作大帐，号为"漫天帐"，夏月坐卧其中，置几榻橱架等物，虽适意，亦不古。寒月小斋中制布帐于窗槛之上，青、紫二色可用。

1.　纸帐：用藤皮茧纸缝制成的帐子，密不透气，冬天使用更为保暖。
2.　蕉布：用蕉麻纤维织成的布。
3.　青撬纱：疑同"青绡纱"。绡，一种轻薄的生丝织物。
4.　花手巾：疑为海外织物，尺幅宽大。《瀛涯胜览》记"古里"国（今印尼），"国人亦将蚕丝练染各色，织间道花手巾，阔四五尺，长一丈二三尺，每条卖金钱一百个"。

217

冠

　　铁冠最古，犀、玉、琥珀次之，沉香、葫芦者又次之，竹箨、瘿木者最下。制惟偃月[1]、高士二式，余非所宜。

1.　偃（yǎn）月：偃月冠，一种道士冠，外形如弦月倒覆。《遵生八笺》记偃月、高士两种冠，都属于竹冠。

巾

　　唐巾去汉式[1]不远。今所尚披云巾[2]最俗，或自以意为之。幅巾最古，然不便于用。

1.　汉式：汉巾的上部若幞头，下部则有披幅、结带。《三才图会》"汉巾"："汉时衣服多从古制，未有此巾，疑厌常喜新者之所为，假以汉名耳。"

2.　披云巾："氍（qú）仙云巾"，明宁献王朱权所创。《遵生八笺》："踏雪当制氍仙云巾，或缎或毡为之。扁巾方顶，后用披肩半幅，内絮以棉，或托以毡，可避风寒，不必风领暖帽作富贵态也。"

笠

细藤者佳，方广二尺四寸，以皂绢缀檐，山行以遮风日。又有叶笠、羽笠[1]，此皆方物[2]，非可常用。

1. 叶笠、羽笠：《考槃余事》："有细藤作笠，方广二尺四寸，以皂绢蒙之，缀檐以遮风日，名云笠。有竹丝为之，上以槲叶细密铺盖，名叶笠。有竹丝为之，上缀鹤羽，名羽笠。三者最轻便，甚有道气。"
2. 方物：土产。

履

冬月秧履[1]最适，且可暖足。夏月棕鞋[2]惟温州者佳。若方舄[3]等样制作不俗者，皆可为济胜[4]之具。

1. 秧履：用晒干的稻草夹芦花编织而成的一种蒲鞋。《正德姑苏志》："吴人以蒲为鞋，草为履。"上海、江阴、无锡等地的明代方志都有蒲鞋的记载。《本草纲目》认为："按穰藉靴鞋，暖足，去寒湿气。"
2. 棕鞋：用棕丝做的鞋子，轻便防雨，适合远足。宋人张孝祥有诗："编棕织蒲绳作底，轻凉坚密稳称趾。"《山堂肆考》："桐帽棕鞋，皆隐士之服。"
3. 方舄（xì）：便于登山使用的一种草鞋或棕鞋。舄，本意是指鞋底又加木底的鞋子。
4. 济胜：登攀胜境。

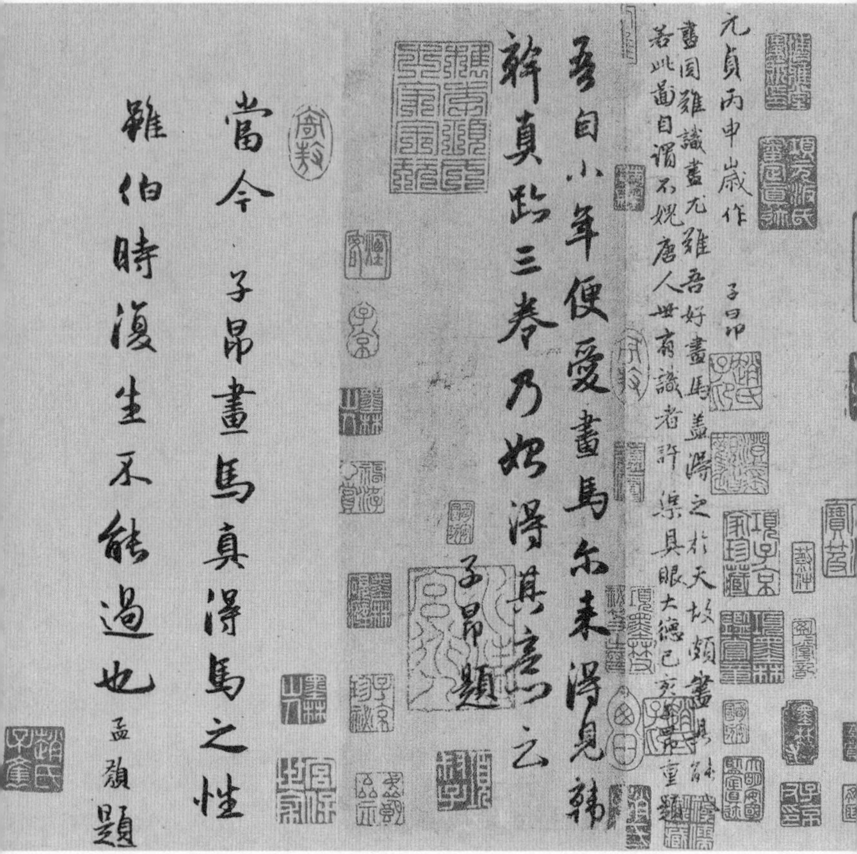
元貞丙申歲作 子昂
畫固難識畫尤難吾好畫馬蓋得之於天故頗盡其能事
若此圖自謂不愧唐人世有識者許渠具眼大德己亥子昂重題
吾自小年便愛畫馬尓來得見韓
幹真跡三卷乃始得其意云
子昂題
當今子昂畫馬真得馬之性
雖伯時復生不能過也
孟頫題

〔元〕赵孟頫 · 人骑图

神駿固
難識八矣
貴有善御
松雪閒作
圖正較此
懷素
乾隆辛未
御題

卷九

舟车

〔明〕仇英·赤壁图（局部）

舟之习于水也，弘舸连轴，巨槛接舻[1]，既非素士[2]所能办；蜻蛉、蚱蜢[3]，不堪起居。要使轩窗阑槛，俨若精舍，室陈厦飨[4]，靡不咸宜。用之祖远饯近[5]，以畅离情；用之登山临水，以宣幽思；用之访雪载月，以写高韵；或芳辰缀赏，或靓女[6]采莲，或子夜清声，或中流歌舞，皆人生适意之一端也。至如济胜之具，篮舆[7]最便，但使制度新雅，便堪登高涉远。宁必饰以珠玉，错以金贝，被以缋罽[8]，藉以簟茀[9]，缕以钩膺[10]，文以轮辕，约以鞗革[11]，和以鸣鸾，乃称周行鲁道[12]哉? 志《舟车第九》。

1. 弘舸（gě）连轴，巨槛接舻（lú）：弘舸、巨槛，均指大船。连轴、接舻，形容船首尾相接。
2. 素士：指贫寒的读书人。
3. 蜻蛉、蚱蜢：皆江南小渡船，因形如蜻蛉、蚱蜢，故名。
4. 厦飨（xiǎng）：指舱外宴饮。
5. 祖远饯近：远近饯别、送行。祖饯，古代饯行的一种隆重仪式，祭路神后，在路上设宴为人送行。
6. 靓（jìng）女：靓女，美女。
7. 篮舆：游山时乘坐的竹质小轿，似肩舆、滑杆，用人抬行，形制不一。
8. 缋罽（jì）：彩色的毛毯织物。
9. 簟茀（fú）：遮蔽车厢的竹席。茀，车帘。
10. 钩膺（yīng）：马额及胸上的盛饰，下垂缨饰。
11. 鞗（tiáo）革：马辔下垂的皮革装饰。鞗，马辔，套在马颈上的器具。
12. 周行鲁道：周行，大路。鲁道，《诗经》有"鲁道有荡"，比喻宽阔平坦的大道。

巾车 [1]

今之肩舆，即古之巾车也。第古用牛马，今用人车，实非雅士所宜。出闽、广者精丽，且轻便；楚中 [2]有以藤为扛者，亦佳；近金陵 [3] 所制缠藤者，颇俗。

1. 巾车：肩舆，俗称"轿子"。
2. 楚中：今湖南、湖北。
3. 金陵：南京。

篮舆

山行无济胜之具，则篮舆似不可少。武林 [1] 所制，有坐身踏足处，俱以绳络者，上下峻坂 [2]皆平，最为适意，惟不能避风雨。有上置一架，可张小幔者，亦不雅观。

1. 武林：杭州。

2. 峻坂（bǎn）：陡坡。峻，山高而陡。坂，山坡。

〔南宋〕朱锐·溪山行旅图

请看石上藤萝
月已映洲前芦
荻花山寿

〔清〕黄山寿·拟古山水册（其一）

舟

　　形如划船，底惟平，长可三丈有余，头阔五尺，分为四仓：中仓可容宾主六人，置桌凳、笔床、酒鎗[1]、鼎彝、盆玩之属，以轻小为贵；前仓可容僮仆四人，置壶榼[2]、茗罏、茶具之属；后仓隔之以板，傍容小弄，以便出入。中置一榻，一小几，小厨上以板承之，可置书卷、笔砚之属，榻下可置衣厢、虎子[3]之属。幔以板，不以篷簟，两傍不用栏楯，以布绢作帐，用蔽东西日色，无日则高卷，卷以带，不以钩。他如楼船、方舟[4]诸式，皆俗。

1. 　酒鎗（chēng）：一种三足的温酒器。鎗，同"铛"。
2. 　壶榼（kē）：泛指盛酒或茶水的容器。
3. 　虎子：便器。
4. 　方舟：数船并列，称方舟。

小船

　　长丈余，阔三尺许，置于池塘中。或时鼓枻[1]中流，或时系于柳阴曲岸，执竿把钓，弄月吟风。以蓝布作一长幔，两边走檐，前以二竹为柱，后缚船尾钉两圈处。一童子刺[2]之。

1. 　鼓枻（yì）：划船。枻，船桨。
2. 　刺：撑篙划船。

卷十 位置

〔唐〕孙位·高逸图（局部）

位置之法，烦简不同，寒暑各异。高堂广榭，曲房奥室[1]，各有所宜，即如图书、鼎彝之属，亦须安设得所，方如图画。云林清秘[2]，高梧古石，中仅一几一榻，令人想见其风致，真令神骨俱冷。故韵士所居，入门便有一种高雅绝俗之趣。若使前堂养鸡牧豕[3]，而后庭侈言浇花洗石，政[4]不如凝尘满案，环堵四壁[5]，犹有一种萧寂气味耳。志《位置[6]第十》。

1. 曲房奥室：均指内室，密室。
2. 云林清秘：元代画家倪云林有清秘阁，藏书画器物。
3. 豕（shǐ）：猪。
4. 政：通"正"。
5. 环堵四壁：四面环绕土墙，形容狭小陋室。
6. 位置：安排，布置。

坐几

天然几一，设于室中左偏东向，不可迫近窗槛，以逼风日。几上置旧研一，笔筒一，笔觇一，水中丞一，研山一。古人置研俱在左，以墨光不闪眼，且于灯下更宜。书册[1]、镇纸各一，时时拂拭，使其光可鉴，乃佳。

1. 书册："册"或为"尺"字之误。书尺，即界尺，用以间隔行距、画直线。

坐具

湘竹榻及禅椅皆可坐。冬月以古锦制褥，或设皋比[1]，俱可。

1. 皋（gāo）比：虎皮。

〔明〕陈洪绶·人物图（局部）

〔明〕仇英·临宋人画册（局部）

椅榻屏架

斋中仅可置四椅一榻，他如古须弥座[1]、短榻、矮几、壁几之类，不妨多设。忌靠壁平设数椅。屏风仅可置一面。书架及橱俱列以置图史，然亦不宜太杂，如书肆中。

1. 须弥座：本为佛、菩萨造像之座，此处指束腰造型的器物底座。

悬画

悬画宜高，斋中仅可置一轴于上，若悬两壁及左右对列，最俗。长画可挂高壁，不可用挨画竹[1]曲挂。画桌可置奇石，或时花盆景之属，忌置朱红漆等架。堂中宜挂大幅、横披[2]，斋中宜小景花鸟；若单条、扇面、斗方[3]、挂屏之类，俱不雅观。画不对景[4]，其言亦谬。

1. 挨画竹：画幅过长，以细竹横挡一段，折挂其上，所用细竹称为"挨画竹"。
2. 横披：长条形横幅书画，称横批。
3. 斗方：画之小幅方形者，称斗方。
4. 画不对景：《考槃余事》："对景不宜挂画，以伪不胜真也。"

置罏

于日坐几上置倭台几方大者一，上置罏一；香盒大者一，置生、熟香；小者二，置沉香、香饼之类；箸瓶一。斋中不可用二罏，不可置于挨画桌上及瓶盒对列。夏月宜用瓷罏，冬月用铜罏。

置瓶

随瓶制置大小倭几之上，春冬用铜，秋夏用磁。堂屋宜大，书室宜小，贵铜瓦，贱金银，忌有环，忌成对。花宜瘦巧，不宜烦杂。若插一枝，须择枝柯奇古；二枝须高下合插，亦止可一二种，过多便如酒肆；惟秋花插小瓶中不论。供花不可闭窗户焚香，烟触即萎，水仙尤甚。亦不可供于画桌上。

小室

几榻俱不宜多置，但取古制狭边书几一，置于中，上设笔砚、香合、熏鑪之属，俱小而雅。别设石小几一，以置茗瓯[1]、茶具；小榻一，以供偃卧趺坐[2]。不必挂画。或置古奇石，或以小佛橱供鎏金小佛于上，亦可。

1. 茗瓯（ōu）：茶杯。明代方以智《通雅》："今谓茶盅曰瓯。"
2. 趺（fū）坐：盘腿打坐。

卧室

地屏、天花板虽俗，然卧室取干燥，用之亦可，第不可彩画及油漆耳。面南设卧榻一，榻后别留半室，人所不至，以置薰笼[1]、衣架、盥匜[2]、厢奁[3]、书灯之属。榻前仅置一小几，不设一物，小方杌二，小橱一，以置香药、玩器。室中精洁雅素，一涉绚丽，便如闺阁中，非幽人眠云梦月所宜矣。更须穴壁一，贴为壁床，以供连床夜话，下用抽替以置履袜。庭中亦不须多植花木，第取异种宜秘惜者，置一株于中，更以灵璧、英石伴之。

1. 薰笼：熏衣、取暖所用之具，与熏炉配套使用。
2. 盥匜（guànyí）：洗手器具。
3. 厢奁（lián）：厢，箱子。奁，女性存放梳妆品的镜箱，亦指小箱子。

亭榭

亭榭不蔽风雨，故不可用佳器，俗者又不可耐，须得旧漆方面粗足、古朴自然者置之。露坐，宜湖石平矮者，散置四傍，其石墩、瓦墩之属，俱置不用，尤不可用朱架架官砖于上。

敞室

长夏宜敞室，尽去窗槛，前梧后竹，不见日色。列木几极长大者于正中，两傍置长榻无屏者各一。不必挂画，盖佳画夏日易燥，且后壁洞开，亦无处宜悬挂也。北窗设湘竹榻，置簟于上，可以高卧。几上大砚一，青绿水盆一，尊彝之属，俱取大者。置建兰一二盆于几案之侧。奇峰古树，清泉白石，不妨多列。湘帘[1]四垂，望之如入清凉界[2]中。

1. 湘帘：湘妃竹制成的竹帘。
2. 清凉界：佛教称没有烦恼的地方为清凉世界。此处指清爽境地。

佛室

内供乌丝藏佛[1]一尊，以金鏒[2]甚厚、慈容端整、妙相具足者为上，或宋、元脱纱[3]大士像俱可，用古漆佛橱；蓺香象[4]、唐象及三尊[5]并列、接引[6]诸天[7]等象号曰"一堂"，并朱红小木等橱，皆僧寮所供，非居士所宜也。长松石洞之下，得古石像最佳；案头以旧磁净瓶献花，净碗酌水，石鼎蓺印香[8]，夜燃石灯，其钟、磬、幡、幢、几、榻之类，次第铺设，俱戒纤巧。钟、磬尤不可并列。用古倭漆经厢，以盛梵典。庭中列施食台[9]一，幡竿一，下用古石莲座，石幢[10]一，幢下植杂草花数种，石须古制，不则亦以水蚀之。

1. 乌丝藏佛：西藏密宗镏金佛像。明代称西藏为"乌斯藏"，位于云南西徼外。
2. 金鏒（sǎn）：鏒金，一种饰金工艺，以金泥多次涂抹于器物表面。
3. 脱纱：亦作"脱沙"，夹纻造像，中空而轻，便于抬佛出巡。
4. 香象：贤劫十六尊之南方四尊第一位，密号大力金刚、护戒金刚。
5. 三尊：中间供奉释迦佛，左右供文殊菩萨、普贤菩萨，三者合称"释迦三尊"。
6. 接引：接引佛，西方极乐世界教主，即阿弥陀佛。
7. 诸天：佛教中的护法天神，如"四大天王"等。
8. 蓺（ruò）印香：蓺，烧。印香，又称"篆香"，用模印使香粉环绕成图形或篆字，僧人打坐时可用来计时。
9. 施食台：施食之台，以供养饿鬼，一般为柱形，上设承盆。
10. 石幢：石经幢，刻有经文、咒文、造像的石柱，有座盖，形如宝塔。

〔明〕文徵明·兰亭修禊图

卷十一 蔬果

〔明〕佚名（传 吴炳）·八哥枇杷图

田文[1]坐客，上客食肉，中客食鱼，下客食菜，此便开千古势利之祖。吾曹[2]谈芝讨桂，既不能饵[3]菊术，啖[4]花草，乃层酒累肉，以供口食，真可谓秽我素业[5]。古人蘋蘩[6]可荐，蔬笋可羞[7]，顾山肴野蔌，须多预蓄，以供长日清谈，闲宵小饮；又如酒鎗皿合，皆须古雅精洁，不可毫涉市贩屠沽[8]气；又当多藏名酒及山珍海错，如鹿脯、荔枝之属，庶令可口悦目，不特动指流涎而已。志《蔬果第十一》。

1. 田文：孟尝君，战国时齐国人，"战国四公子"之一。
2. 吾曹：我辈。
3. 饵（ěr）：吃。
4. 啖（dàn）：吃。
5. 素业：清高的操守。
6. 蘋蘩（fán）：两种可供食用的水草，即蘋蒿、白蒿。
7. 羞：同"馐"，美味的食物。
8. 屠沽（gū）：杀牲和卖酒。

樱桃

樱桃古名楔桃，一名朱桃，一名英桃，又为鸟所含，故《礼》称含桃。盛以白盘，色味俱绝。南都曲中[1]有英桃脯，中置玫瑰瓣一味，亦甚佳，价甚贵。

1. 南都曲中：南京妓坊。

桃李梅杏

桃易生，故谚云"白头种桃"，其种有匾桃、墨桃、金桃、鹰嘴、脱核蟠桃，以蜜煮之，味极美。李品在桃下，有粉青、黄姑二种；别有一种，曰嘉庆子，味微酸。北人不辨梅、杏，熟时乃别。梅接杏而生者，曰杏梅；又有消梅，入口即化，脆美异常，虽果中凡品，然却睡止渴，亦自有致。

〔清〕邹一桂·蟠桃图

〔明〕周淑禧 周淑祜・乳柑子

橘橙

橘为"木奴"，既可供食，又可获利。有绿橘、金橘、蜜橘、扁橘数种，皆出自洞庭；别有一种小于闽中，而色味俱相似，名"漆碟红"者，更佳；出衢州者，皮薄亦美，然不多得。山中人更以落地未成实者，制为橘药[1]，醎[2]者较胜。黄橙堪调脍[3]，古人所谓"金齑"，若法制丁片，皆称俗味。

---

1. 橘药：风干的小橘子。《竹屿山房杂部》："干小橘，方言橘药。"
2. 醎（xián）：同"咸"，腌渍。
3. 调脍（kuài）：脍，细切之鱼、肉。调脍，指切成细丝。

柑

柑出洞庭者，味极甘；出新庄者，无汁，以刀剖而食之；更有一种粗皮名蜜罗柑者，亦美。小者曰"金柑"，圆者曰"金豆"。

香橼[1]

　　大如杯盂，香气馥烈，吴人最尚以磁盆盛供。取其瓤，拌以白糖，亦可作汤除酒渴。又有一种皮稍粗厚者，香更胜。

1.　香橼（yuán）：芸香科柑橘属植物，可作闻香清供。

杨梅

　　吴中佳果，与荔枝并擅高名，各不相下。出光福[1]山中者，最美。彼中人以漆盘盛之，色与漆等，一斤仅二十枚，真奇味也。生当暑中，不堪涉远，吴中好事家，或以轻桡[2]邮置，或买舟就食。出他山者味酸，色亦不紫。有以烧酒浸者，色不变而味淡；蜜渍者，色味俱恶。

1.　光福：地名，在苏州城西。
2.　轻桡（ráo）：小船，快艇。

枇杷

枇杷独核者佳，株叶皆可爱，一名款冬花，荐之果食，色如黄金，味绝美。

葡桃 [1]

有紫、白二种，白者曰"水晶萄"，味差亚于紫。

1. 葡桃：葡萄。

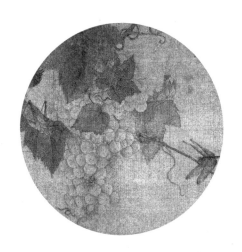

〔南宋〕林椿·葡萄草虫图

荔枝

　　荔枝虽非吴地所种，然果中名裔，人所共爱，"红尘一骑"，不可谓非解事人。彼中有密渍[1]者，色亦白，第壳已殿，所谓"红缯白玉肤"，亦在流想间而已。龙眼称"荔枝奴"，香味不及，种类颇少，价乃更贵。

1.　密渍：蜜渍。蔡襄《荔枝谱》："蜜煎，剥生荔枝，笮去其浆，然后蜜煮之。"

〔明〕朱瞻基·荔鼠图

枣

枣类极多，小核色赤者，味极美。枣脯出金陵、南枣出浙中者，俱贵甚。

生梨

梨有二种：花瓣圆而舒者，其果甘；缺而皱者，其果酸，亦易辨。出山东，有大如瓜者，味绝脆，入口即化，能消痰疾。

栗

杜甫寓蜀，采栗自给，山家御穷，莫此为愈。出吴中诸山者绝小，风干，味更美；出吴兴者，从溪水中出，易坏，煨熟乃佳。以橄榄同食，名为"梅花脯"，谓其口味作梅花香，然实不尽然也。

银杏

叶如鸭脚，故名"鸭脚子"。雄者三棱，雌者二棱。园圃间植之，虽所出不足充用，然新绿时，叶最可爱。吴中诸刹[1]，多有合抱者，扶疏乔挺，最称佳树。

1. 诸刹（chà）：诸，许多。刹，佛寺。

柿

柿有七绝：一寿，二多阴，三无鸟巢，四无虫，五霜叶可爱，六嘉实，七落叶肥大。别有一种，名灯柿，小而无核，味更美。或谓柿接三次，则全无核，未知果否。

菱

两角为菱，四角为芰[1]，吴中湖泖[2]及人家池沼皆种之。有青、红二种：红者最早，名水红菱；稍迟而大者，曰雁来红；青者曰莺哥青；青而大者，曰馄饨菱，味最胜；最小者曰野菱。又有白沙角，皆秋来美味，堪与扁豆并荐。

1. 芰（jì）：四角的菱称为"芰"。
2. 湖泖（mǎo）：湖荡。泖，水面平静的小湖。

芡[1]

芡花昼合宵展，至秋作房如鸡头，实藏其中，故俗名"鸡豆"。有粳、糯二种，有大如小龙眼者，味最佳，食之益人。若剥肉和糖，捣为糕糜，真味尽失。

1. 芡（qiàn）：芡实，苏州俗称鸡头米。

花红

西北称柰[1]，家以为脯，即今之苹婆果是也。生者较胜，不特味美，亦有清香。吴中称"花红"，即名"林檎"，又名"来禽"，似柰而小，花亦可观。

1. 柰（nài）：花红别名，西北通称为"柰子"。

石榴

石榴，花胜于果，有大红、桃红、淡白三种，千叶者名"饼子榴"，酷烈如火，无实，宜植庭际。

〔南宋〕林椿·果熟来禽图（果为花红）

西瓜

西瓜味甘，古人与沉李 [1] 并埒 [2]，不仅蔬属而已。长夏消渴吻 [3]，最不可少，且能解暑毒。

1. 沉李：古人以"浮瓜沉李"以况暑日之行乐。
2. 埒（liè）：并列，等同。
3. 渴吻：唇干想喝水。吻，嘴唇。

五加皮

久服轻身明目，吴人于早春采取其芽，焙干点茶，清香特甚，味亦绝美。亦可作酒，服之延年。

白扁豆

纯白者味美，补脾入药。秋深篱落，当多种以供采食。干者亦须收数斛，以足一岁之需。

菌

雨后弥山遍野，春时尤盛，然蛰后[1]虫蛇始出，有毒者最多，山中人自能辨之。秋菌味稍薄，以火焙干，可点茶，价亦贵。

1.　蛰（zhé）后：惊蛰节后。惊蛰，三月五日、六日或七日。

瓠[1]

瓠类不一，诗人所取，抱瓮[2]之余，采之烹之，亦山家一种佳味，第不可与肉食者道耳。

1.　瓠（hù）：瓠瓜，葫芦的变种，味清淡，适于煮食。苏州人习惯称之为扁蒲。
2.　抱瓮：作汲水解，典出《庄子》。喻安于拙陋的淳朴生活。

茭白

古称雕胡，性尤宜水，逐年移之，则心不黑。池塘中亦宜多植，以佐灌园所缺。

茄子

茄子一名"落酥"，又名"昆仑紫瓜"，种苋[1]其傍，同浇灌之，茄苋俱茂，新采者味绝美。蔡遵[2]为吴兴守，斋前种白苋、紫茄，以为常膳。五马[3]贵人，犹能如此，吾辈安可无此一种味也？

1. 苋（xiàn）：苋菜，一年生草本植物，茎和叶均可食。
2. 蔡遵：即蔡撙，南朝梁的大臣。
3. 五马：指太守。

芋

古人以蹲鸱[1]起家，又云"园收芋栗未全贫"，则御穷一策，芋为称首。所谓"煨得芋头熟，天子不如我"，直以为南面之乐，其言诚过，然寒夜拥鑪，此实真味。别名"土芝"，信不虚矣。

1. 蹲鸱（chī）：大芋，因状如蹲伏的鸱，故名。《史记·货殖列传》记，西汉卓王孙"闻汶山之下沃野，下有蹲鸱，至死不饥"，于是迁徙至此，发家成巨富。

山药

本名薯药，出娄东岳王[1]市者，大如臂，真不减天公掌[2]，定当取作常供。夏取其子，不堪食。至如香芋、乌芋、凫茨[3]之属，皆非佳品。乌芋即茨菇，凫茨即地栗。

1. 娄东岳王：地名。娄东，苏州太仓；岳王，太仓下辖的乡镇。
2. 天公掌：古人称最大的山药为天公掌，见《清异录》。
3. 凫茨：即荸荠，种水田中。

萝葡[1] 蔓菁[2]

萝葡一名土酥，蔓菁一名六利，皆佳味也。他如乌、白二菘[3]，莼、芹、薇、蕨之属，皆当命园丁多种，以供伊蒲[4]，第不可以此市利，为卖菜佣耳。

1. 萝葡：萝卜。
2. 蔓菁：芜菁，俗称"大头菜"。
3. 菘（sōng）：白菜。
4. 伊蒲：素食，素斋。

〔元〕钱选·蔬果图

卷十二 香茗

〔明〕仇英 赵孟頫·写经换茶图（局部）

香、茗之用，其利最溥¹。物外高隐，坐语道德，可以清心悦神；初阳薄暝²，兴味萧骚，可以畅怀舒啸；晴窗榻帖³，挥麈闲吟，篝灯⁴夜读，可以远辟睡魔；青衣红袖，密语谈私，可以助情热意；坐雨闭窗，饭余散步，可以遣寂除烦；醉筵醒客，夜语蓬窗，长啸空楼，冰弦戛指⁵，可以佐欢解渴。品之最优者，以沉香、岕茶⁶为首，第焚煮有法，必贞夫⁷韵士，乃能究心耳。志《香茗第十二》。

---

1. 溥（pǔ）：广大。
2. 薄暝：薄暮，傍晚。
3. 榻帖：摹拓古碑帖。用透明纸覆在范字上，沿纸上的字影一笔一画摹写。榻通"搨"，今作"拓"。
4. 篝（gōu）灯：将灯置于笼中。篝，竹笼。
5. 冰弦戛指：冰弦，琴弦。戛指，用手弹。
6. 岕（jiè）茶：岕，山坳。岕茶是浙江长兴、江苏宜兴一带所产的一种野茶，采用古法"蒸青"而非"炒青"制成。 闻龙《茶笺》："诸名茶法多用炒。惟罗岕宜于蒸焙，味真蕴藉，世竞珍之，即顾渚、阳羡、密迩、洞山不复仿此。想此法偏宜于岕，未可概施他茗。"
7. 贞夫：守正之人。

259

伽南

一名奇蓝，又名琪琳，有糖结、金丝二种。糖结，面黑若漆，坚若玉，锯开，上有油若糖者，最贵；金丝，色黄，上有线若金者，次之。此香不可焚，焚之微有膻气。大者有重十五六斤，以雕盘承之，满室皆香，真为奇物。小者以制扇坠、数珠，夏月佩之，可以辟秽。居常以锡合盛蜜养之，合分二格，下格置蜜，上格穿数孔，如龙眼大，置香使蜜气上通，则经久不枯。沉水等香亦然。

龙涎香 [1]

苏门答剌国 [2] 有龙涎屿，群龙交卧其上，遗沫入水，取以为香。浮水为上，渗沙者次之，鱼食腹中，剌出 [3] 如斗者，又次之。彼国亦甚珍贵。

1. 龙涎香：作为添加剂与其他香料混合使用，合香遇热，散发异香。一指抹香鲸之分泌物，又称"阿末香"。
2. 苏门答剌国：今印度尼西亚苏门答腊。
3. 剌（lá）出：排泄出。剌，同"拉"。

沉香 [1]

质重,劈开如墨色者佳。沉取沉水,然好速 [2] 亦能沉。以隔火炙过,取焦者别置一器,焚以熏衣被。曾见世庙 [3] 有水磨雕刻龙凤者,大二寸许,盖醮坛 [4] 中物,此仅可供玩。

1. 沉香:沉香置水中则沉,故名。其香气如蜜,或称蜜香。
2. 好速:好的速香,即黄熟香。香之轻虚者,品质比沉香稍差。
3. 世庙:明代嘉靖皇帝朱厚熜(cōng),庙号世宗。
4. 醮坛:道教为举行斋醮仪式布置的祭坛。

片速香

"鲫鱼片",雉鸡斑者佳,以重实为美,价不甚高,有伪为者,当辨。

唵叭香 [1]

　　香腻甚，着衣袂，可经日不散，然不宜独用，当同沉水共焚之，一名"黑香"。以软净色明，手指可撚为丸者为妙。都中有"唵叭饼"，别以他香和之，不甚佳。

1.　唵叭香：以胆八树果实榨油获得。胆八树，树如稚木犀，叶鲜红，色类霜枫。其实可压油和诸香烧之，辟恶气。

角香

　　俗名"牙香"[1]，以面有黑烂色，黄纹直透者为"黄熟"，纯白不烘焙者为"生香"，此皆常用之物，当觅佳者；但既不用隔火，亦须轻置炉中，庶香气微出，不作烟火气。

1.　牙香：白木香。明末人工种植白木香采香，香农将香木凿成马牙形，又称"莞香"。

甜香

宣德年制，清远味幽可爱。黑坛如漆，白底上有烧造年月，有锡罩盖罐子者，绝佳。"芙蓉"[1]"梅花"皆其遗制，近京师制者亦佳。

1. 芙蓉：明代周嘉胄《香乘》之芙蓉香方："龙脑三钱、苏合油五钱、撒馣兰三分、沉香一两五钱、檀香一两二钱、片速三钱、生结香一钱、排草五钱、芸香一钱、甘麻然五分、唵叭五分、丁香一钱、郎苔三分、藿香三分、零陵香三分、乳香二分、三柰二分、榄油二分、榆面八钱、硝一钱，和印或散烧。"

黄、黑香饼[1]

恭顺侯家所造，大如钱者，妙甚；香肆所制小者，及印各色花巧者，皆可用，然非幽斋所宜，宜以置闺阁。

1. 黄、黑香饼：《香乘》之黄香饼方："沉速香六两、檀香三两、丁香一两、木香一两、乳香二两、金颜香一两、唵叭香三两、郎苔五钱、苏合油二两、麝香三钱、龙脑一钱、白芨末八两、炼蜜四两，和剂印饼用。"
   《香乘》之黑香饼方："用料四十两，加炭末一斤、蜜四斤、苏合油六两、麝香一两、白芨半斤、榄油四斤、唵叭四两。先炼蜜熟，下榄油化开，又入唵叭，又入料一半，将白芨打成糊，入炭末，又料一半，然后入苏合、麝香，揉匀印饼。"

263

安息香

都中有数种，总名安息。月麟、聚仙、沉速为上。沉速有双料者，极佳。内府别有龙挂香，倒挂焚之，其架甚可玩。若兰香、万春、百花等，皆不堪用。

暖阁[1] 芸香[2]

暖阁，有黄、黑二种。芸香，短束出周府者佳，然仅以备种类，不堪用也。

1. 暖阁：暖阁香。
2. 芸香：芸香科多年生草本植物，枝叶含芳香油，可作调香原料。

苍术

岁时及梅雨郁蒸，当间一焚之，出句容茅山[1]细梗者佳，真者亦艰得。

1. 句容茅山：句容，今江苏句容。茅山，道教名山，道教上清派发源地，陶弘景曾在此修真。

〔明〕仇英·汉宫春晓图（局部）

品茶

　　古人论茶事者，无虑数十家，若鸿渐[1]之"经"，君谟[2]之"录"，可谓尽善，然其时法用熟碾，为"丸"[3]、为"挺"[4]，故所称有"龙凤团"[5]"小龙团"[6]"密云龙"[7]"瑞云翔龙"[8]。至宣和间，始以茶色白者为贵[9]。漕臣郑可简始创为"银丝冰芽"，以茶剔叶取心，清泉渍之，去龙脑诸香，惟新胯[10]小龙蜿蜒其上，称"龙团胜雪"[11]，当时以为不更之法。而我朝所尚又不同，其烹试之法，亦与前人异，然简便异常，天趣悉备，可谓尽茶之真味矣。至于"洗茶""候汤""择器"，皆各有法，宁特侈言"乌府""云屯""苦节""建城"[12]等目而已哉！

1. 鸿渐：唐代茶人陆羽，字鸿渐，撰《茶经》。
2. 君谟（mó）：宋人蔡襄，字君谟，撰《茶录》。
3. 丸：即"团""饼"。
4. 挺：即"直条"。
5. 龙凤团：龙凤团茶。产自福建建安凤凰山一带，称北苑茶。
6. 小龙团：北宋蔡襄所造的"小龙团"茶，尤极精好，上品龙茶。
7. 密云龙：宋神宗时，福州转运使贾青创制，云纹细密，于小龙团更精绝。
8. 瑞云翔龙：宋哲宗时贡茶名，品质更在密云龙上。
9. 白者为贵：白茶用极细茶芽制成。《大观茶论》以白茶为贡茶第一。
10. 新胯：胯，亦作"銙"，制茶之印模。宋代胯数又作茶叶计量单位。
11. 龙团胜雪：宋徽宗宣和年间贡茶名，价甚高。
12. "乌府""云屯""苦节""建城"：乌府，炭篮，以竹为篮，用以盛炭，为煎茶之资；云屯，瓷瓶，用以杓泉，以供煮；苦节，茶炉，用以煎茶；建城，茶笼，以箬为笼，封茶以贮高阁。

虎丘 [1] 天池 [2]

　　最号精绝，为天下冠，惜不多产，又为官司所据，寂寞山家得一壶两壶，便为奇品，然其味实亚于岕。天池出龙池一带者佳，出南山一带者最早，微带草气。

1.　虎丘：明初天台起云禅师住虎丘山，始种虎丘茶。虎丘茶色如玉，味如兰，宋人呼为"白云茶"，号称珍品。
2.　天池：苏州西部天池山所产之茶。虎丘茶产量极少，当时多有以天池茶假冒者。

岕

　　浙之长兴 [1] 者佳，价亦甚高，今所最重，荆溪 [2] 稍下。采茶不必太细，细则芽初萌而味欠足；不必太青，青则茶已老而味欠嫩。惟成梗蒂，叶绿色而团厚者为上。不宜以日晒，炭火焙过，扇冷，以箬叶衬罂 [3] 贮高处，盖茶最喜温燥而忌冷湿也。

1.　长兴：今浙江长兴，唐代、宋代贡紫笋茶。
2.　荆溪：水名，在江苏宜兴南。此处作茶叶名解，指宜兴茶。
3.　罂：大腹小口的瓶子。

〔明〕唐寅·事茗图（局部）

六安 [1]

宜入药品，但不善炒，不能发香而味苦，茶之本性实佳。

1. 六安：安徽六安霍山所产绿茶。

松萝 [1]

十数亩外，皆非真松萝茶。山中亦仅有一二家炒法甚精，近有山僧手焙者，更妙。真者在洞山 [2] 之下，天池之上，新安人最重之；南都曲中亦尚此 [3]，以易于烹煮且香烈故耳。

1. 松萝：安徽名茶，得名于休宁松萝山、松萝庵。
2. 洞山：岕茶之最高等级者。罗岕为岕茶之最，洞山为罗岕之最。
3. 南都曲中亦尚此：南京的勾栏中风尘女子也推崇松萝茶。

龙井 天目 [1]

山中早寒，冬来多雪，故茶之萌芽较晚。采焙得法，亦可与天池并。

1. 天目：天目茶，产于浙江临安天目山区。

〔明〕蓝瑛·松萝晚翠图

洗茶

先以滚汤候少温洗茶，去其尘垢，以定碗[1]盛之，俟冷点茶，则香气自发。

1. 定碗：定瓷茶碗。

候汤[1]

缓火炙，活火煎。活火，谓炭火之有焰者，始如鱼目为"一沸"[2]，缘边泉涌为"二沸"[3]，奔涛溅沫为"三沸"[4]。若薪火方交，水釜[5]才炽，急取旋倾，水气未消，谓之"嫩"；若水逾十沸，汤已失性，谓之"老"，皆不能发茶香。

1. 候汤：等候、观察水沸的情况。
2. 一沸：指水刚滚，不时有泡沫上翻。
3. 二沸：指四周水泡连续翻起。
4. 三沸：指水如波浪一样全面沸腾。
5. 水釜（fǔ）：煮水的茶釜。宋代起，茶铫（diào）、茶铛取代鼎、镬（huò），置于风炉之上煮水，也称水釜、茶釜。

〔清〕金农·玉川先生煎茶图

涤器

茶瓶、茶盏不洁，皆损茶味，须先时洗涤，净布拭之，以备用。

茶洗

以砂为之，制如碗式，上下二层。上层底穿数孔，用洗茶，沙垢皆从孔中流出，最便。

茶罏[1] 汤瓶[2]

有姜铸铜饕餮兽面火罏及纯素者，有铜铸如鼎彝者，皆可用。汤瓶铅者为上，锡者次之，铜者亦可用；形如竹筒者，既不漏火，又易点注；瓷瓶虽不夺汤气，然不适用，亦不雅观。

---

1. 茶罏：用于煎茶的风炉，以铜铁铸造，多鼎形，如丹炉。明初惠山僧人制竹炉，用竹片编成方形的支架、外壳，炉膛采用泥胎，时称雅器。
2. 汤瓶：放沸水的瓶子，带柄或提梁的细嘴壶，有盖。宋代流行点茶，茶釜煮水后放进汤瓶，便于注入茶盏。明代饮茶方式改变，汤瓶直接置于茶炉上。

茶壶

壶以砂者为上，盖既不夺香，又无熟汤气。"供春"最贵，第形不雅，亦无差小者。时大宾[1]所制又太小，若得受水半升而形制古洁者，取以注茶，更为适用。其"提梁""卧瓜""双桃""扇面""八棱细花""夹锡茶替""青花白地"诸俗式者，俱不可用。锡壶有赵良璧[2]者亦佳，然宜冬月间用。近时吴中"归锡"[3]，嘉禾"黄锡"，价皆最高，然制小而俗。金银俱不入品。

1. 时大宾：时大彬，明万历年间人，初喜做大壶，后做小壶。
2. 赵良璧：赵良弼，明代苏州人，又作赵璧，擅长制作锡壶。
3. 归锡：归懋德，明代苏州人，善治锡器，名闻朝野。所制人称"归壶"。

〔明〕仇英·汉宫春晓图（局部）

茶盏

　　宣庙有尖足茶盏，料精式雅，质厚难冷，洁白如玉，可试茶色，盏中第一。世庙有坛盏[1]，中有"茶、汤、果、酒"[2]，后有"金箓大醮坛用"[3]等字者，亦佳。他如"白定"等窑，藏为玩器，不宜日用，盖点茶须熁盏[4]令热，则茶面聚乳，旧窑器熁热则易损，不可不知。又有一种名"崔公窑"[5]，差大，可置果实，果亦仅可用榛、松、新笋、鸡豆、莲实不夺香味者；他如柑、橙、茉莉、木樨之类，断不可用。

1. 坛盏：坛，指道场。明嘉靖皇帝在西苑建有大高玄殿，设醮坛。盏，茶盏。嘉靖坛盏为白瓷小杯，专门为"金箓大醮坛"定制的瓷器，盛放祭神供品。

2. 茶、汤、果、酒：坛盏大、中、小三号，内"茶"字者为最，"橄榄"字、"酒"字、"枣汤"字次之，"姜汤"字又次之（姜汤不恒有）。

3. 金箓（lù）大醮坛用：金箓，指"金箓斋法"，谓可调和阴阳、消灾伏害。嘉靖热衷金箓斋法，特命景德镇烧造小坛盏，仿大醮坛为之，白而坚厚，最宜注茶。

4. 熁（xié）盏：以沸水暖盏。

5. 崔公窑：嘉隆年间，人善治陶，多仿宣、成窑遗法制器，当时以为胜，号其器曰"崔公窑瓷"，四方争售。

择炭

汤最恶烟,非炭不可,落叶、竹筱[1]、树梢、松子之类,虽为雅谈,实不可用;又如"暴炭"[2]"膏薪"[3],浓烟蔽室,更为茶魔。炭以长兴茶山出者,名"金炭",大小最适用,以麸火[4]引之,可称"汤友"。

1. 筱:细的竹子。
2. 暴炭:未烧成熟之炭,燃烧时,常噼啪爆裂而出烟。
3. 膏薪:未全干之薪,燃烧时,常流液而出烟。
4. 麸(fū)火:树柴火。

〔明〕陈洪绶·品茶图(局部)

全书终

后记

晚明人文震亨（1585—1645），字启美，苏州府长洲（今江苏苏州）人，文学家、画家、古琴演奏家、园林设计师。在崇祯朝，为武英殿中书舍人。

文震亨出生于一个官宦和文艺世家。明代中晚期，文氏一族所代表的吴中风雅，在曾祖文徵明时代到达顶峰，自文徵明后，祖辈文彭、文嘉，父辈文元善、文元发，再到文震孟、文震亨，几代人递承，苦心孤诣诗文书画及园林营造，探寻构建艺术的桃源梦境，成一段段风雅佳话。

万历四十七年（1619），时文震亨三十四岁，文氏家族在一百多年的时间里，建立起的美学思想和艺术实践，最终被其落于笔下，浓缩成了《长物志》十二卷文字，刊刻发行。作为记述晚明物质文明与士大夫审美情调之书，后被收入《四库全书》。

《长物志》涵盖衣食住行用等各个生活层面，它强调通过对物质的正确驾驭而获得更高层次的精神享受、感官体验，究其本质，是指导人们享受人生乐趣的一部书。

十二卷所书写记录的亦是生活理想，是文震亨对物质生活与精神世界之间保持平衡的一种畅想。《长物志》代表的是那个时代的优雅。

天启元年（1621），文震亨求学寓居于南京，在六朝烟水金粉之地，歌舞升平的秦淮河边，除了结识志同道合的朋友，亦从事了大量艺文创作。

天启二年（1622），文震亨编成《秣陵竹枝词》，时人称"词一出而唱破乐人之口，士大夫又群而称之"。

天启五年（1625），受苏州地方官举荐，文震亨成为一名"贡生"，此时作为诗人，也声望愈高。

崇祯十年（1637），文震亨应诏前往北京任武英殿中书舍人，供奉内廷，为崇祯皇帝处理古琴方面的事务。

崇祯十四年（1641），文震亨因卷入党争而下狱，次年获释，押送军饷去大同，后来回到苏州。

崇祯十七年（1644），清兵入关，崇祯帝自缢。福王朱由崧在南京登基，曾诏其南京任职，不久因党争，文震亨辞官。

顺治二年（1645），苏州沦陷，投水被救起。不久后，为抗拒"剃发令"，绝食六日后（闰六月二十九日）而亡，谥节愍。

一、《长物志》特性

独立的美学观

《长物志》中，尤其《器具》卷的很多材料，万历十九年（1591）出版的高濂《遵生八笺》同有描述，但对同一器物优劣品评，文震亨往往与高濂截然相反。

典型的一个例子——论"琴台"，对某一特殊样式的琴台，高濂认为"诚为世所稀有"，并颇为感慨道，"其价亦高。余一见后不知何去，令人念之耿耿。天下奇货，信不易得"。文震亨却说："更有紫檀为边，以锡为池，水晶为面者，于台中置水蓄鱼藻，实俗制也。"

又比如"数珠"，高濂认为杭州灌香小菩提子是铭心绝品，而文震亨却认为特别可厌。

高濂著作中提到的"长腰、鹭鸶"葫芦、"天生树枝"竹鞭、"内藏刀锥"压尺，文震亨也一律以俗气看待……

尊重自我价值判断，不盲从大众观点甚至前辈名士的意见，独立思考并敢于标榜发声，这是《长物志》最独特、最成功之处；文震亨的艺术鉴赏品位、审美趣味，也是这部书四百年来历久不衰、深得读者喜爱的原因。

"删繁去奢"的核心思想

晚明万历时，伴随商品经济的发展，江南风气日益奢华。有虚荣者虽家无余粮，买一顶貂皮帽子可值数十金，并带动附近的浪荡子弟热心效仿。当时苏州还有专门叠假山造园林的职人，所谓"山师"，为造一座假山而一掷千金的富豪更不在少数，山师生意异常兴隆。

苏州历来又有收藏书画的风气，尤其是官僚士绅，喜好搜罗罕见珍贵碑帖，品鉴名家字画。士大夫以家中没有倪云林真迹为耻，而一般富人期望通过收藏提升社会地位，标榜身份。

到嘉靖末年，即使普通老百姓没条件造园，也有"三间客厅费千金者，金碧辉煌，高耸过倍"，这股风气还带动了家具陈设的奢侈消费。李乐《见闻杂记》记松江府吴某，去南京中举后并纳一妓为妾，为她"制一卧床，费至一千余金"，李乐愤然在书中发问，此床"不知何木料？何妆饰所成？"……

《长物志》所嘲笑并鄙夷的就是这类社会做派和这群斗富夸奇者，认为这是对真正风雅之道的极大玷污。为避免将来可能流于滥觞，恶俗到不可预测的地步，所以作此书防微杜渐。对于艺术鉴藏与日常消费行为准则，文震亨分门别类，阐述总结出"删繁去奢"的核心思想，通过建构"古、雅、幽"的美学世界，突破世俗，坚守传统文人的高逸之气。

言有尽而意无穷

《长物志》十二卷，从《室庐》开始，以《香茗》终结，完整记录了晚明江南园林、建筑、家具、文房、花木、服饰、舟船、香道、茶道、花鸟虫鱼等诸多物质文化信息，雅俗风尚，结合具体从容指导如何营造自然之美，有无可替代的文献价值和美学价值。

此外，古人作文，草蛇灰线，多有曲笔深意。《长物志》亦如此，部分内容，甚至多少带着"秦淮香艳"。

如《香茗》卷"松萝"条，寥寥几十字，最后文震亨忽然提道"南都曲中亦尚此"。"南京秦淮边的歌姬们都好饮松萝茶"这一闲笔，实则另有玄机，直接指向文震亨在南京的风花雪月生涯。他作为风月场上的浪子，深谙欢场女子的生活细节，小到饮茶之嗜好，皆了然于心。

与文震亨同时代的文人张岱，在其《陶庵梦忆》中曾写过一名茶道大师——闵老子闵汶水，闵汶水在南京桃叶渡开设茶室，名叫"花乳斋"，花乳斋其中一位客人，正是当时的秦淮花魁王月。闵汶水是安徽休宁人。正如《长物志》"松萝"条开头所说，正宗松萝茶只产于休宁松萝庵附近，且产量极少。换言之，似乎王月只有特意前往闵汶水的花乳斋，才能喝到正宗的松萝茶。

这里种种隐晦的微小历史细节，茶的品种、烹茶人、喝茶人，尽在《长物志》一句"南都曲中亦尚此"的闲笔暗示中，符节若合，不禁引人遐想。

另外，本书序言作者、《几榻》卷的审定者沈春泽，与文震亨一样，同是一位才情焕发的风流人物，他在南京曾首倡选美，所谓"千金定花案"轰动一时。而那位喜欢松萝茶的王月，就是一位花榜状元。作者文震亨、序者沈春泽、没有正式出场隐藏在《长物志》文字背后的王月，其中的内在关联，充满暗示与戏剧性……

二、本书的勘注思路

《长物志》是一部以物质消费审美、园林设计、器物使用为根本内容的鉴赏之书，虽大体上文字简略浅白，但随时代变迁，各卷中仍存在一些器物名词、地方称谓、专

283

业术语，让今天的读者阅读时难以理解。因此也使得上下文的语义模糊不清，无法完整感受原文所蕴含的信息。

比如《水石》卷中，关于"战鱼墩"，以往注释多理解为用来捕鱼的水中的土墩，这属于典型的望文生义。"战鱼墩"实是文震亨从苏州人至今沿用的一处特殊地名而信笔写来的，乃"鲇鱼墩"，苏州方言，念"鲇"为"战"，故名。苏州地方志中记载：这是阊门附近的一条巷子，有一段路面突起状如鲇鱼之背，因而得名。这样也能完整理解文震亨用"战鱼墩"比喻池中垒土为屿的原意。类似的情况在其他的注释中，为数不少，如"眼掠""雪洞""黄熟香""唵叭香"等。

本次工作，参阅了大量与《长物志》时代接近的明代文献，如《物理小识》《通雅》《宋氏燕闲部》《三才图会》《事物绀珠》等明人著述、笔记、类书、地方志以及相关的明代图像文献，同时参阅《格致镜原》等清代早期文献，特别是姚承祖《营造法原》江南古建档案及王世襄《明式家具研究》，对界定《长物志》若干问题，从实物资料上给予了充分诠释依据。

比如《几榻》卷中对"飞云起角"概念的理解；将"赤水棂"断句理解为"赤水、棂"，作为两种不同木种分别辨析；"柏木琢细如竹"床的造型等。但特别需要指出的是，本卷既是系统记录明代文人参与家具制作情况的唯一文献，也是《长物志》中术语名词失解、疑点较多的部分。本卷的注释，有的属于平地起峰，总因心存疑虑而不能"视如无物"，心安理得。对若干之前不曾注释过的家具术语、名词，笔者试作初步考证，释名以求达义。但如"吴江竹椅""专诸禅椅"等器，其造型、材质、产地、源流等，至今尚未找到任何实物与文献资料，也待有识之士作进一步研究。

近年来，《长物志》获得越来越多读者的喜爱，尤其是许多对传统文化感兴趣的年轻朋友。随着社会发展，其园林、家具、文玩、盆栽、服饰等诸多方面的传统审美，相信将被更广泛地融入现代设计、制造，直接影响当代生活。

文震亨在苏州有香草垞一所宅园，早已荒废。钱谦益《牧斋初学集》，有《文三启美次余除夕元旦诗韵见寄·叠韵奉答兼简文起状元》一诗，聊供诸君遥想当年风姿：

奇石名花错盎盆，清言竟日寡寒温。
停云家世红栏里，邀笛风流白下门。
芳草闲庭新度曲，桐华小院别开尊。
廿年游迹如前梦，每向空斋屈指论。

晚明政局，风雨飘摇，但这个时代结出的奇炫之花如《长物志》，历四百年沉淀，如园林里陈设的明代家具，雍雍穆穆，气度端凝，日益散发出迷人的光泽，始终不能磨灭。

蒋晖
2019 年 3 月于苏州十全拙盦

左－秋山水榭图　右－云山策杖图

容身雖曰是征塵搆引彼逢第一人
夢到綠天蕉雨散莫言新詩有遍秦

石齋黃宮允詩貽黃蕉次韻之一
震亨

余婿於太原氏故徵君所藏卷軸無不寓目當

時極珍重此帖築亭貯之即以快雪名每風日

晴美出以示客賞玩彌日不厭後歸用卿氏不

無自戒得之自我失之恨徵君遊道山後余從

用卿所復時得展玩可謂與此帖有緣不至

如馬策叩西州門時也因題而歸之若夫王

嬙西子之美麗有目共識更無藉余之邪許

矣　吳郡砠門文震亭記

庚子十一月初四喜雪再記

秋雲餘潤密
酆雪冬麥秀
前有雲宣問
夜失故膏
侵晨玉葉益
搖颺甫應芳
祥謹卜室加
遙雪喜雨知
卅已倩宏寧
後窓綴珠生
面一探奇
尚堂周

辛之玄年七
日瑞雲亮日
及足飽豐賦
此志農發枝
附命堂用言
我僧清快

秣陵竹枝词四首

（其一）

同姓编氓异姓侯，上公出不辟行驺。

诸曹未识勋臣贵，每到朝陵压上头。

（其二）

秦淮冬尽不堪观，桃叶官舟阁浅滩。

一夜渡头春水到，家家重漆赤栏干。

（其三）

酒馆张灯尽墨纱，夹纱窗内建瓶花。

纯灰细面深杯酒，撮泡松萝浅碗茶。

（其四）

茉莉簪蕊不簪花，傍晚清香一倍加。

穿作玉钗环作钿，直拢蝉鬓假堆鸦。

至夜抵家

雨雨风风客路迟，明朝恰及闭关时。

不妨匝月聊乘兴，似与诸公为补遗。

心定喜看无竞水，身闲又敛欲残棋。

家人笑问归何有，已向严陵借一丝。

重寓秦淮

炯云过眼竟何关，拄笏犹看紫翠山。

可否浮沉容散吏，依然供奉点朝班。

旌旗细柳军容盛，羽猎长杨赋手间。

终践买田归老计，宦情原在有无闲。

晚登雨花台

点缀霜林处处同，已酣黄叶醉丹枫。

青山似笑新逋客，白下重来老寓公。

诸道兵车开霸气，一时胶漆盛王风。

乌衣巷陌南朝寺，多少楼台夕照中。

附录三　文震亨年谱

万历十三年（1585）

十二月，文震亨出生。

万历十六年（1588），3 岁

父文元发作自传《清凉居士自序》。

万历二十三年（1595），10 岁

生母史氏去世。

万历二十九年（1601），16 岁

文震亨补诸生。

万历三十年（1602），17 岁

正月七日，父文元发以疾卒，年七十三。

万历三十五年（1607），22 岁

文震孟、文震亨兄弟，本年始与钱谦益交游。

万历三十九年（1611），26 岁

中秋，文震亨参加名士赵宧光在苏州西郊寒山别业青霞榭举行的
雅集诗会。

万历四十年（1612），27 岁

文震亨在南京，与友沈春泽同游白下。

万历四十三年（1615），30 岁

钱谦益为文震亨姐姐文氏作《节妇文氏旌门颂》。

万历四十七年（1619），34 岁

本年，《长物志》十二卷刊行。

钟惺在苏州，拜访文震亨，过其香草垞有诗："一厅以后能留水，四壁之中别无香。" 文震亨在苏州西郊另构有一碧浪园。

天启元年（1621），36 岁

七月，文震亨到南京参加乡试，并寓居于此。

天启二年（1622），37 岁

三月，兄文震孟四十八岁，会试状元，授翰林院修撰。十月，文震孟因弹劾魏忠贤遭罢黜。文震亨陪兄长回到苏州。

七月，文震亨创作三十五首竹枝词，编成《秣陵竹枝词》。

天启三年（1623），38 岁

中秋夜，前辈邹迪光招集袁中道、钟惺、文震孟、文震亨、钱谦益、沈德符，同于苏州虎丘观剧。

天启五年（1625），40 岁

文震亨举恩贡，入南京国子监。

五月五日，海内词人集秦淮凭吊屈原，卓人月征集《五君咏》，文震亨与友人宋珏和之。

天启六年（1626），41岁

三月十八日，朝廷派锦衣卫到苏州逮捕周顺昌。文震亨、杨廷枢等请保释。文、周两家为姻亲，文震孟次子文乘，娶周顺昌之女。

天启七年（1627），42岁

元旦，钱谦益答诗文震亨："奇石名花错盘盆，清言竟日寡寒温。停云家世红栏里，邀笛风流白下门。"

崇祯元年（1628），43岁

文震孟复官入京，不久升任左中允，充日讲官，并参与修纂《熹宗实录》。有友人劝文震亨入仕，震亨不允。

崇祯二年（1629），44岁

十一月，文震亨、文震孟会于北京，兄弟"相对极欢"。次年震孟隐退归家，三年后复出擢右庶子，后进少詹事。

崇祯六年（1633），48岁

文震亨在福建游历，饱览当地风土，结交名士。

崇祯七年（1634），49岁

四月，文震亨召集僧苍雪等，在其香草垞礼佛。晚明江南士人多逃禅避世，文震亨兄弟笃信佛法，与苏州各寺院僧人多有往还。

崇祯八年（1635），50岁

张献忠攻入安徽凤阳，捣毁皇陵。沿江而下，南京震动。

文震亨以"修拔垣志功"，授秩，赴北京谒选。在京，与兄长"蹙额言国事愀然，继之以泣"。

崇祯九年（1636），51岁

三月，文震亨兄弟、钱谦益等人连日宴游，信宿虎丘、支硎山。

六月十二日，文震孟去世。

除夕，文震亨在南京。时阮大铖亦居南京，二人共论戏曲。

崇祯十年（1637），52岁

文震亨北上就选，担任武英殿中书舍人。崇祯得知文震亨精通古琴，让其协理校正书籍事务。参与纂修《大典籍》，监造御屏风。

文震亨在京华广为交游，名动一时。

崇祯十一年（1638），53岁

文震亨受命，为宫廷监造古琴（一说为两千张古琴命名）。文震亨向崇祯推荐浙江琴家尹尔韬，得到崇祯信任，教习内廷宫嫔弹奏，遵旨改撰琴谱，定五音正声，作为郊祀大典礼乐。

崇祯十二年（1639），54岁

妻子王氏去世。

崇祯十三年（1640），55岁

中书舍人梁志，时为翰林院典籍，文震亨与其订交，切磋诗文。

崇祯十四年（1641），56 岁

二月，因"黄道周案"牵连，文震亨入刑部狱，后遇赦。

八月，自题狱中所作诗集，编成《斗室倡和诗》一卷。

岁暮，奉差押运军饷赴大同，曾便道入清凉山礼佛。

崇祯十五年（1642），57 岁

押送军饷到大同，"例有羡金三千"，文震亨不意接受，尽数给予军队。大同之行后回京复命，随即乞休南还。

崇祯十七年（1644），59 岁

三月，崇祯皇帝自缢。五月，福王朱由崧南京登基，建立南明政权，以原官诏文震亨去南京。生母史氏，获"孺人"封号。

十月，文震亨赴南京上任。

十一月，文震亨因党争上疏以病请辞，离开南京，避居苏州。

十二月，文震亨记南都任见闻，成《一叶》一卷，刊刻。

顺治二年（1645），60 岁

五月，南京陷。文震亨预置一棺，自沉于太湖，为渔人救起。

六月初三，清兵入苏州。

闰六月，苏州执行"剃发令"。绅民一律剃发，违者以军法治之。

闰六月二十三日，文震亨开始绝食。二十九日，文震亨去世。

去年岁暮，文震亨南京致仕归来，在苏州东郊觅地，"水边林下，经营竹篱茅舍，以作隐居栖息"，别业未就而卒，家人以此作为"新阡"墓地，葬文震亨。

附录四　文氏主要人物图谱

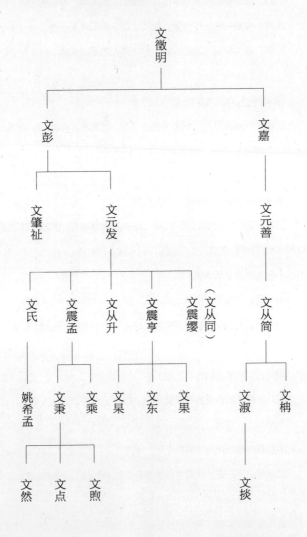

据（清）文含《文氏族谱续集》整理

文徵明（1470—1559）

原名壁（或作璧），字徵明，苏州府长洲人，官至翰林待诏。明代绘画大家、书法大家、文学家。

文彭（1497—1573）

文徵明长子，字寿承，号三桥。以岁贡廷试第一，仕终南京国子监博士。能诗，擅书画，工篆隶、图章。喜藏书，藏书楼有"清白堂"。著有《博士诗集》。

文嘉（1499—1582）

文徵明次子，字休承，号文水。以岁贡授吉水训导，历官乌程教谕、和州学正。擅书画篆刻，亦喜藏书，藏书楼有"归来堂"。有《文和州诗》一卷。

文肇祉（1520—1587）

文彭长子，原名元肇，字基圣，号雁峰。工诗能画。在苏州虎丘有别业塔影园。《雁门家集》记此园："碧梧修竹，清泉白石，极园林之胜。"著有《虎丘山志》六卷。

文元发（1529—1602）

文彭次子，文震亨之父。字子悱，号湘南、清凉居士。官至河南卫辉府同知。娶妻文徵明弟子彭年之女，四十六岁得长子文震孟，后侧室史氏生文震亨。工诗善画。著有《兰雪斋稿》《清凉居士集》二十卷。

文元善（1554—1589）

文嘉独子，字子长，号虎丘。能诗善画，尤善画龙及山水木石，书画逼真其父。早逝，卒年三十五岁。丈人王穉登铭其墓曰："画品第一，诗品第二。"著有《虎丘诗存》一卷。

文震孟（1574—1636）

文元发长子，初名从鼎，字文启（或作文起），号湛持。天启二年（1622）状元，官至礼部左侍郎、东阁大学士，谥文肃。颇爱《楚辞》，有自比屈原之意。能诗，工书法。现存《药园文集》稿本（残）二十二卷、《文文肃公日记》二卷、《龏史》三卷等。

文从简（1575—1648），

文元善之子，字彦可，号枕烟老人。精书画，山水画能传家法。入清后退居林下，以书画自娱。

文柟（1597—1668）

文从简之子，字曲辕，号溉庵。能诗文，山水一禀祖法。明亡后隐居寒山，耕樵以终。

文淑（1594—1634）

文从简之女，本名文俶，字端容。擅花卉，长于写生，多画幽花异卉、小虫怪蝶，能曲肖物情，颇得生趣。作品笔墨细秀，风格娟丽，深得时人赏识。

文徵明（1470—1559）

明代著名才子。书画家、文学家。诗文书画无一不精。与沈周、唐寅、仇英并称"明四家"。

沈周（1427—1509）

明代画家、书法家、诗人，字启南，号石田、白石翁等，长洲人。明代中期文人画"吴派"开创者。

唐寅（1470—1523）

明代画家、书法家、诗人，字伯虎，苏州府吴县人。工诗文，精山水、人物、花鸟画。

仇英（约1498—1552）

明代画家，字实父（甫），号十洲，苏州府太仓人。擅山水、人物、花鸟。有《汉宫春晓图》等名作传世。

朱瞻基（1399—1435）

即明宣宗，明代第五位皇帝。工画山水、人物、走兽、花鸟。有《瓜鼠图》等名作传世。

沈贞（1400—1482）

明代画家，一名贞吉，号南齐、陶然道人，长洲人，沈周伯父。能诗善画，尤善山水。

董其昌（1555—1636）

明代后期大臣、书画家，字玄宰，号思白、香光居士，松江华亭人。能诗书，擅画山水。

曾鲸（1564—1647）

明代画家，字波臣，福建莆田人，长期寓居金陵一带。工人物肖像画。

蓝瑛（1586—约1666）

晚明画家，字田叔，号蝶叟，钱塘人。擅画山水、人物、花鸟、兰竹。为"武林画派"创始人。

陈洪绶（1598—1652）

明代书画家、诗人，字章侯，号老莲，绍兴府诸暨人。工人物，是"代表17世纪具有彻底个人独特风格艺术家之中的第一人"。

阎立本（约601—约673）

唐初画家。长书画、建筑，有《步辇图》《历代帝王像》等名作传世。

韩幹（约706—783）

唐代宫廷画家，陕西蓝田人，以画马著称。有《照夜白》等名作传世。

孙位（生卒年不详）

唐末书画家，一名遇，会稽人，故自号会稽山人。有《高逸图》等名作传世。

顾闳中（约910—约980）

五代十国南唐画家，江南人。擅画人物，有《韩熙载夜宴图》等名作传世。

赵佶（1082—1135）

即宋徽宗，北宋第八位皇帝、书画家。能诗词，工书，创"瘦金体"，擅画花鸟，创立宣和画院，盛极一时。

刘松年（约1131—1218）

南宋画家，号清波，钱塘人。光宗绍熙年间为画院待诏。工山水、人物，与李唐、马远、夏珪合称"南宋四家"，四家中其画风最为精致细微。

朱锐（生卒年不详）

南宋画家，河北人。工画山水、人物。

李嵩（1166—1243）

南宋画家，钱塘人。历任光宗、宁宗、理宗三朝画院待诏。擅长人物、佛像，尤长界画。

马远（1140—1225）

南宋画家，字遥父，号钦山，钱塘人。擅画人物、山水、花鸟。

林椿（生卒年不详）

南宋画家，钱塘人，为孝宗淳熙年间画院待诏，工画花鸟、果品、草虫。

苏汉臣（1094—1172）

北宋画家，河南开封人。擅画人物，尤工于货郎担和婴儿嬉戏之景，有《货郎图》《秋庭婴戏图》等名作传世。

吴炳（生卒年不详）

南宋画家，武阳人，为南宋光宗绍熙年间画院待诏。工画花鸟。

钱选（1239—1299）

元代画家，字舜举，号玉潭、清癯老人，吴兴人。工书，善画人物、山水、花鸟。与赵孟頫、王子中、姚式等人并称"吴兴八俊"。

赵孟頫（1254—1322）

元代画家、书法家，字子昂，号松雪、水精宫道人，吴兴人。擅山水、人物、花鸟。

周东卿（生卒年不详）

南宋画家，画鱼名家。南宋亡后，隐退江西。

王振朋（生卒年不详）

元代画家，字朋梅，浙江永嘉人，擅画人物、楼阁。

谢荪（生卒年不详）

活动于明末清初，画家，字缃酉，又字天令，江苏溧水人，常住金陵。擅画山水、花卉，为"金陵八家"之一。

周淑禧（1624—约1705）

清代画家，一作周禧，自号江上女史。周淑祜妹。工花鸟，兼写大士像。

弘仁（1610—1664）

清初画家、僧人，俗姓江，名韬，字六奇，出家后法名弘仁，安徽歙县人。善画山水，为"新安画派"创始人。与石涛、八大山人、髡残合称画坛"四僧"。

梅清（1623—1697）

清初画家、诗人，安徽宣城人。工诗善画，以画山水、松石、梅花著称，时有"画山水入妙品""松入神品"，画梅花"枝干奇古"之评。

恽寿平（1633—1690）

清代画家，字正叔，号南田，常州人。早年工绘山水，后改绘花鸟，与王时敏、王鉴、王翚、王原祁、吴历并称"清六家"。

周淑祜（生卒年不详）

清代画家，一作周祜，常州府江阴人。善画花草虫鸟。

蒋廷锡（1669—1732）

清代官员、画家，字扬孙，号西谷、南沙，常熟人，官至大学士。善绘，尤精花鸟画。

冷枚（约1670—1742）

清初宫廷画家，字吉臣，号金门画史，山东胶州人。擅画人物，尤精仕女。

华嵒（1682—1756）

清代画家，字秋岳，号新罗山人，福建临汀人，后流寓扬州。擅画花鸟、人物、山水。又能诗书，时称"三绝"。

邹一桂（1686—1772）

清代官员、画家，字元褒（原褒），号小山，江苏无锡人。官至内阁学士。工画，尤擅花卉。

金农（1687—约1764）

清代画家，字寿门，号冬心，钱塘人。工诗文，精篆刻，善山水、人物、花卉，"扬州八怪"之首。

汪承霈（？—1805）

清代官员、画家，字春农，号时斋、蕉雪，安徽休宁人。官至兵部尚书。能书善画，尤善山水、人物及花卉。

居廉（1828—1904）

清末画家，字士刚，自号隔山樵子，广东番禺人。善画花鸟、草虫及人物。开创了"撞粉""撞水"的绘画技法。

黄山寿（1855—1919）

清末书画家，原名曜，字旭初，江苏武进人。善画人物、山水、花卉、走兽，尤擅画墨龙。

陈师曾（1876—1923）

晚清画家，又名衡恪，号朽道人，江西义宁人。善诗文、书法、篆刻，尤长绘画。山水、花鸟、人物自成一格。

孙璜（生卒年不详）

清代画家，字尚甫。善写意人物画。